EL LIBRO PERTENECE
A

TABLA DE CONTENIDO

POSTURAS DE YOGA PARA INTERMEDIOS

POSTURAS DE YOGA PARA INTERMEDIOS

1. VASISTHASANA

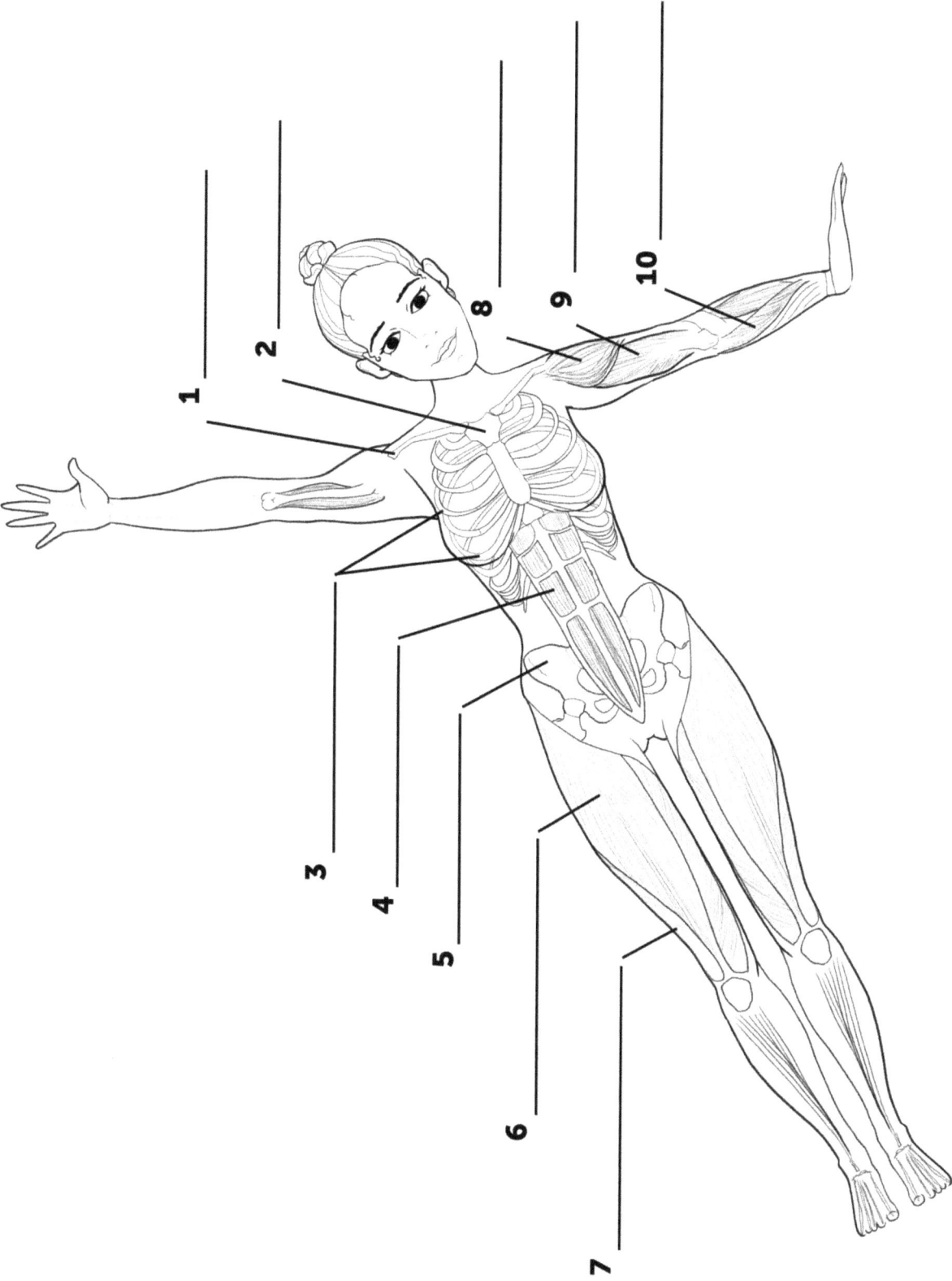

1. VASISTHASANA

1. CLAVÍCULA
2. ESTERNÓN
3. COSTILLAS
4. RECTO ABDOMINAL
5. PELVIS
6. CUADRÍCEPS
7. MÚSCULO VASTO LATERAL
8. DELTOIDES
9. BÍCEPS BRAQUIAL
10. PRONADORES

2. CAMATKARASANA

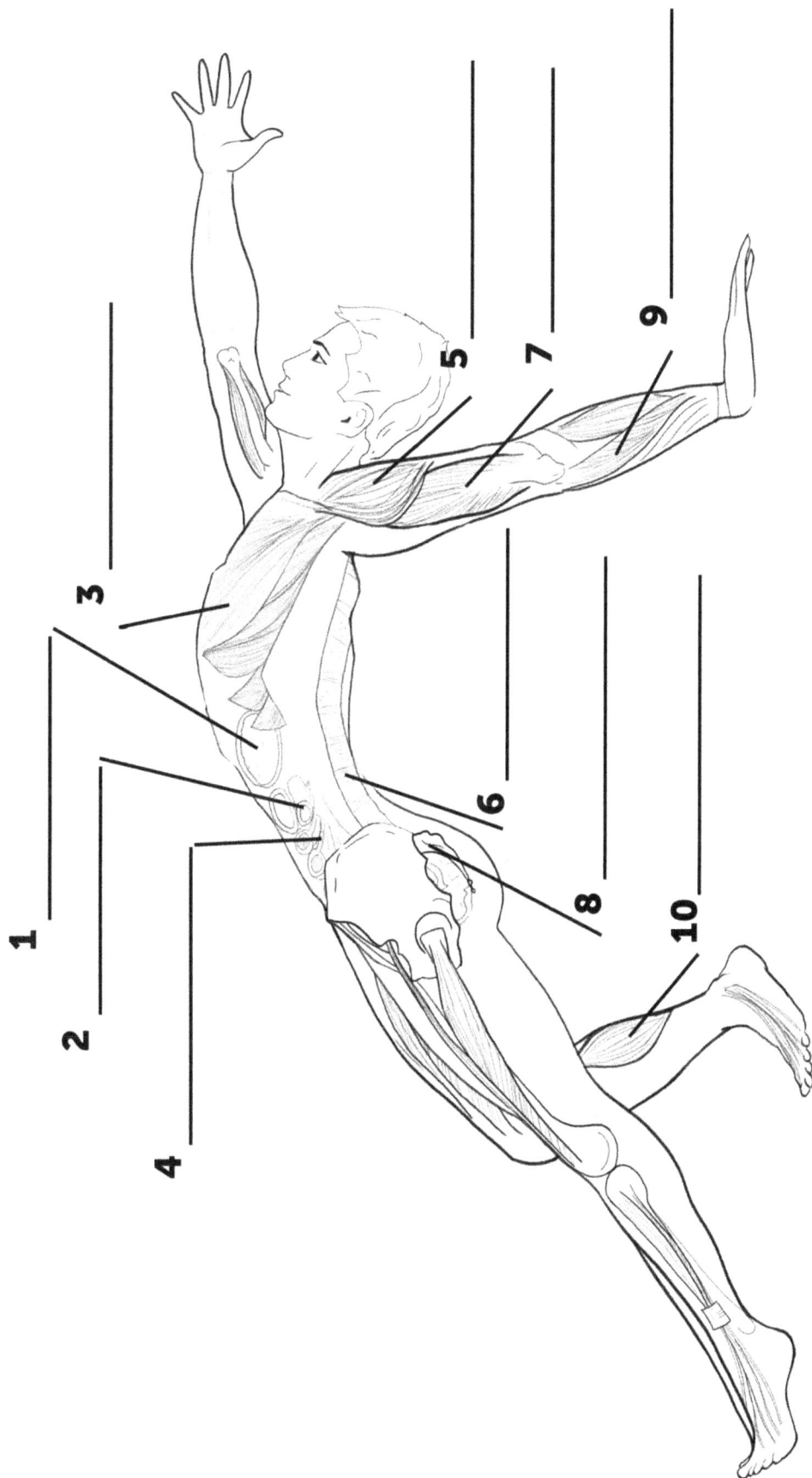

2. CAMATKARASANA

1. ESTÓMAGO
2. FOLICULOS DE INTESTINO DELGADO
3. PECTORAL MAYOR
4. MESENTERIO DEL INTESTINO DELGADO
5. DELTOIDES
6. COLUMNA VERTEBRAL
7. BÍCEPS BRAQUIAL
8. SACRO
9. PRONADORES
10. GASTROCNEMIO

3. POSTURA DE MEDIA RANA

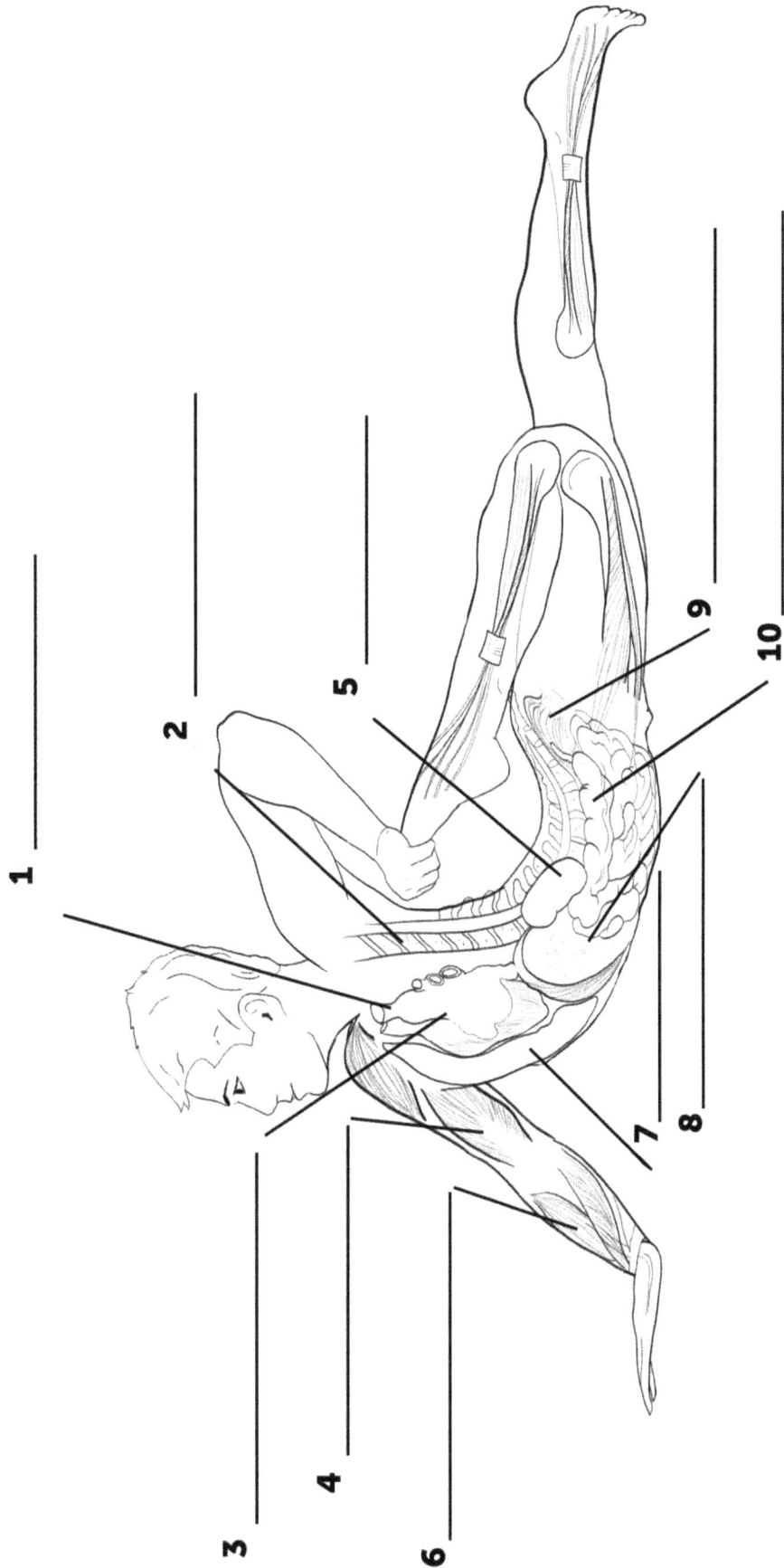

1

2

3

4

5

6

7

8

9

10

3. POSTURA DE MEDIA RANA

1. AORTA
2. COLUMNA VERTEBRAL
3. CORAZÓN
4. BÍCEPS BRAQUIAL
5. RIÑÓN
6. PRONADORES
7. PULMONES
8. HÍGADO
9. RECTO
10. COLON ASCENDENTE

4. PARIVRTTA SURYA YANTRASANA

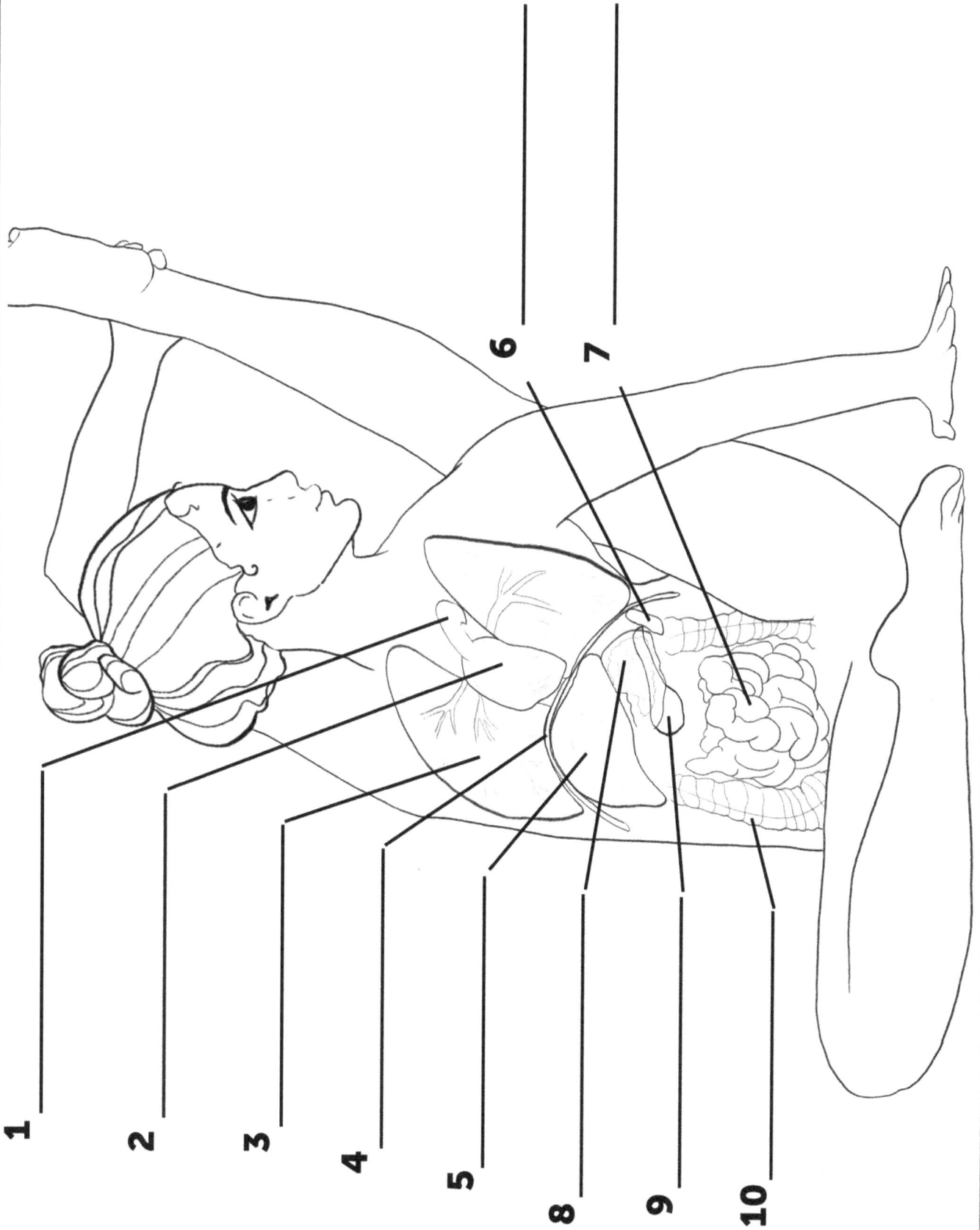

1

2

3

4

5

6

7

8

9

10

4. PARIVRTTA SURYA YANTRASANA

1. AORTA
2. CORAZÓN
3. PULMONES
4. DIAFRAGMA
5. HÍGADO
6. VESÍCULA BILIAR
7. FOLICULOS DE INTESTINO DELGADO
8. ESTÓMAGO
9. PÁNCREAS
10. COLON ASCENDENTE

5. POSTURA MARICHI I

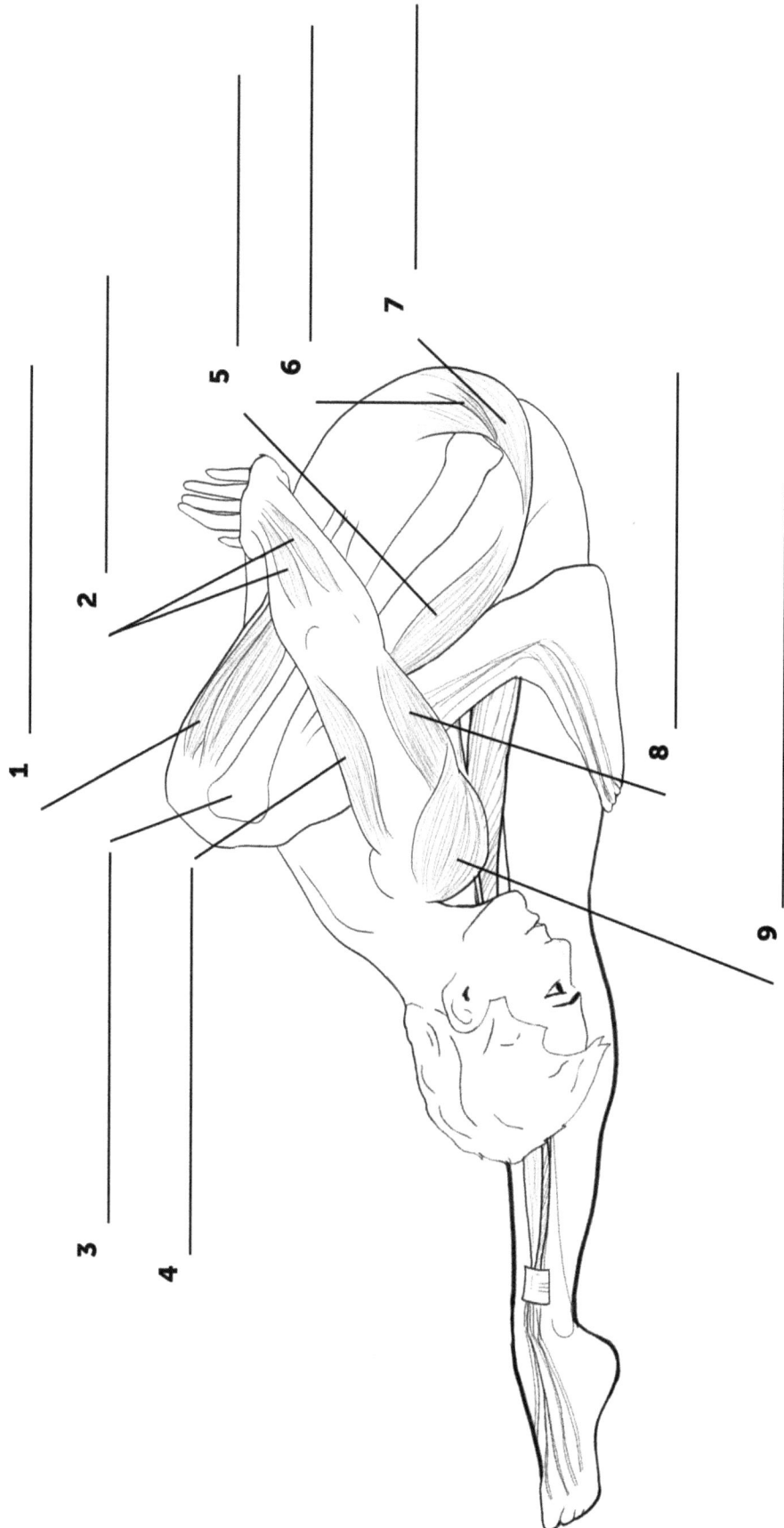

1

2

3

4

5

6

7

8

9

5. POSTURA MARICHI I

1. CUADRÍCEPS
2. PRONADORES
3. FÉMUR
4. BÍCEPS BRAQUIAL
5. ISQUIOTIBIALES
6. PIRIFORME
7. MÚSCULO GLÚTEO MAYOR
8. TRÍCEPS BRAQUIAL
9. DELTOIDES

6. POSTURA MARICHI II

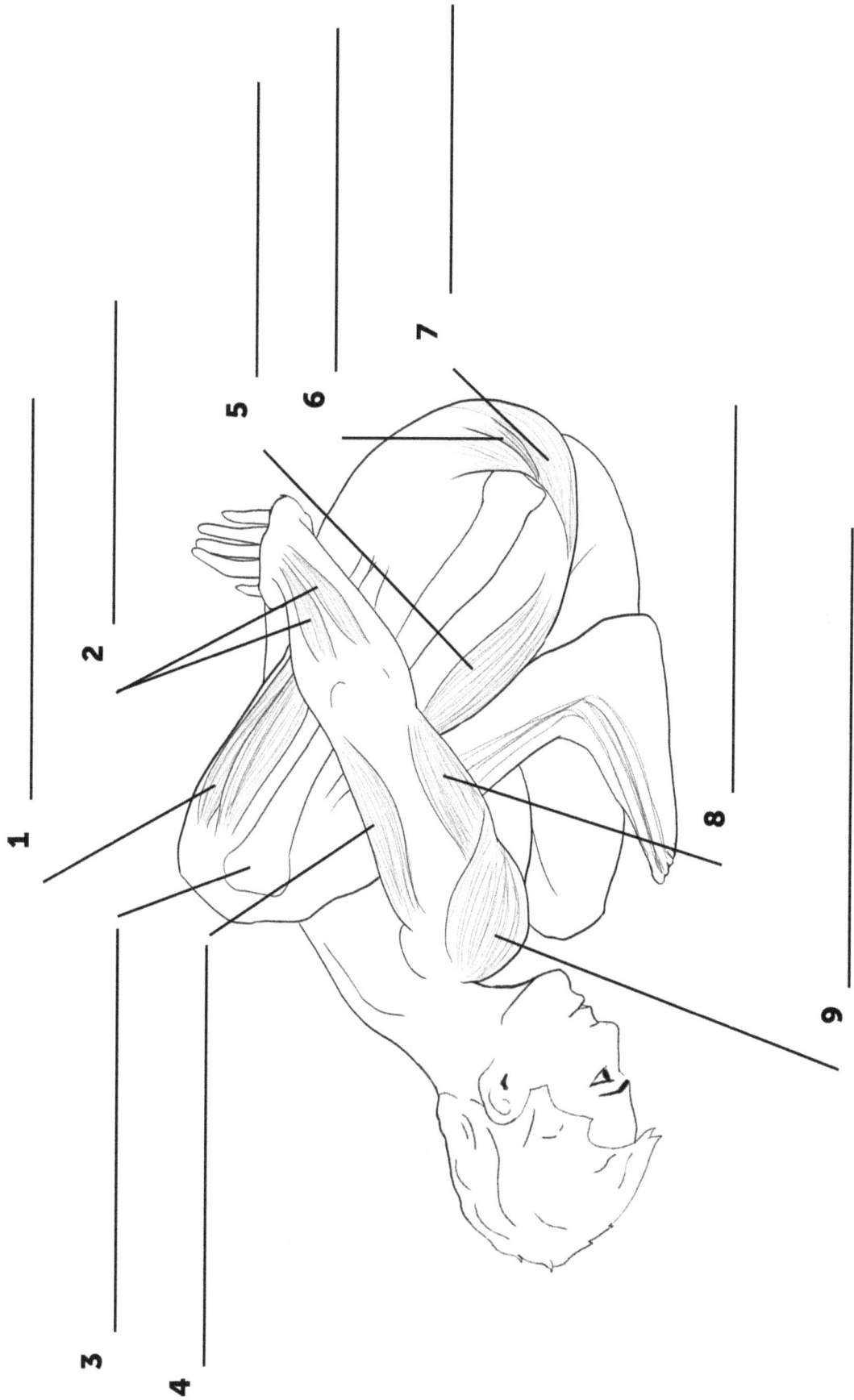

1

2

3

4

5

6

7

8

9

6. POSTURA MARICHI II

1. CUADRÍCEPS
2. PRONADORES
3. FÉMUR
4. BÍCEPS BRAQUIAL
5. ISQUIOTIBIALES
6. PIRIFORME
7. MÚSCULO GLÚTEO MAYOR
8. TRÍCEPS BRAQUIAL
9. DELTOIDES

7. POSTURA MARICHI II

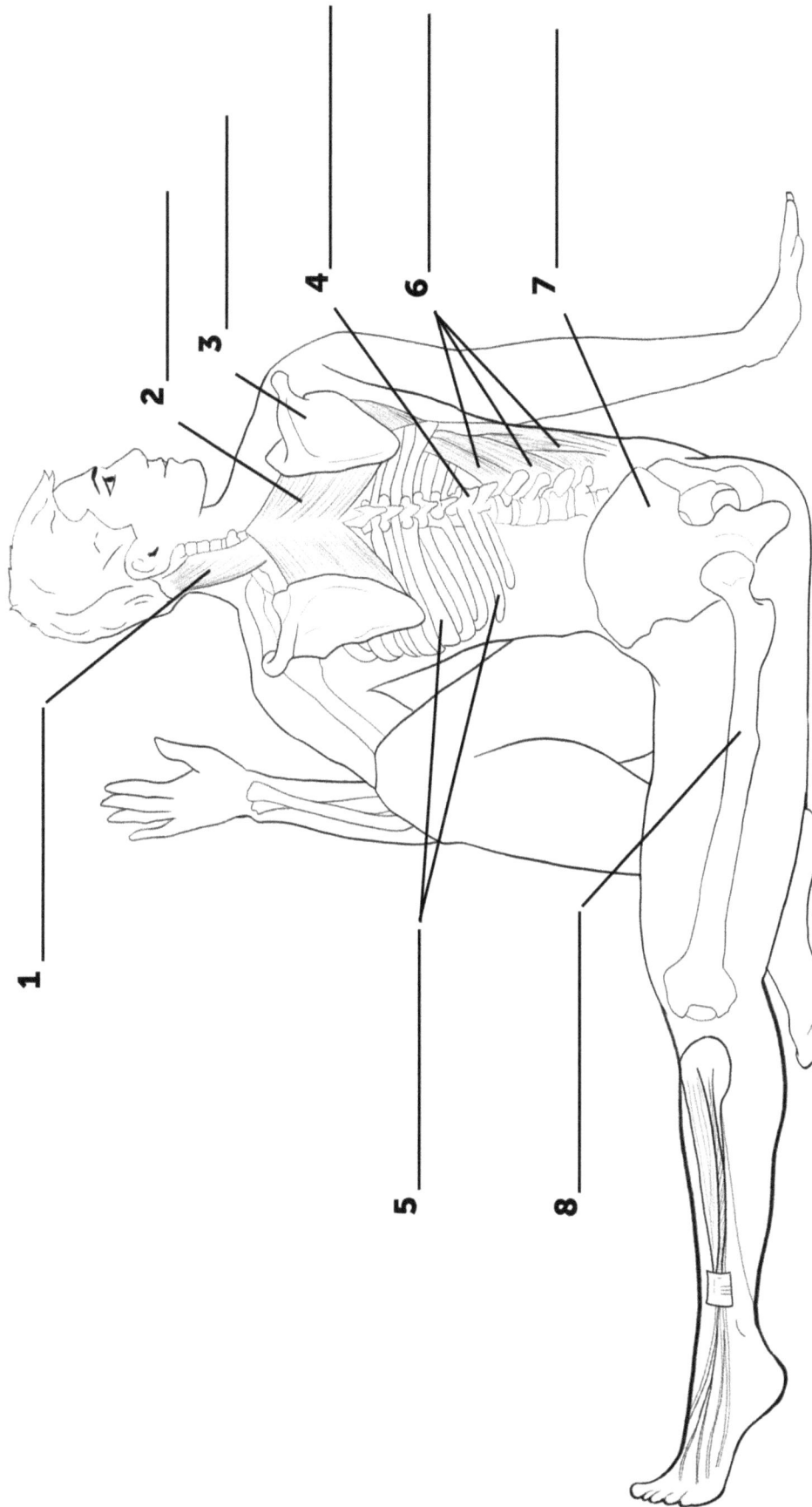

7. POSTURA MARICHI II

1.   MÚSCULO ESPLENIO DE LA CABEZA

2.   ROMBOIDES

3.   ESCÁPULA

4.   COLUMNA VERTEBRAL

5.   COSTILLAS

6.   ERECTOR DE LA COLUMNA

7.   PELVIS

8.   FÉMUR

8. POSTURA PIRÁMIDE

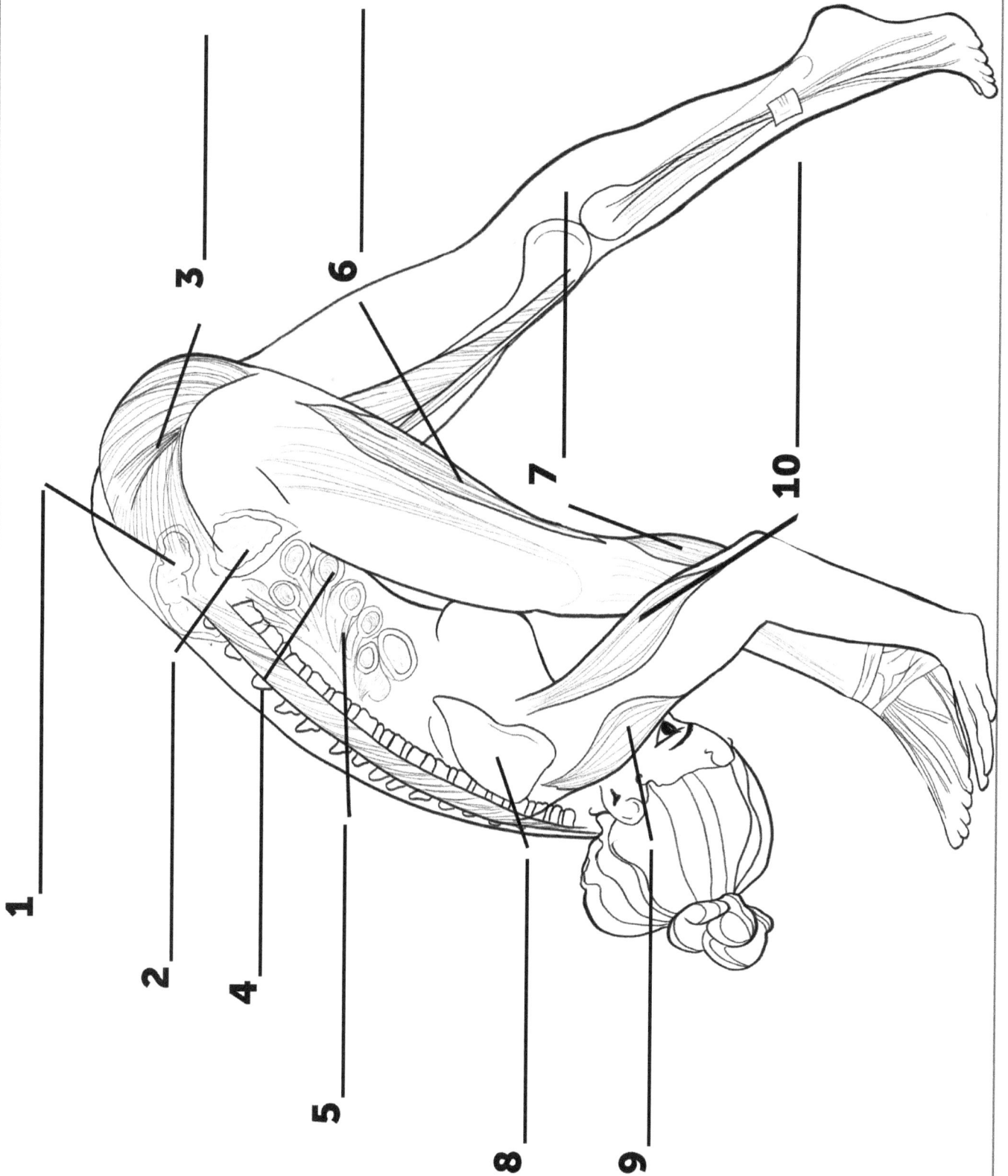

8. POSTURA PIRÁMIDE

1. RECTO

2. VEJIGA URINARIA

3. PIRIFORME

4. FOLICULOS DE INTESTINO DELGADO

5. MESENTERIO DEL INTESTINO DELGADO

6. ISQUIOTIBIALES

7. GASTROCNEMIO

8. ESCÁPULA

9. DELTOIDES

10. TRÍCEPS BRAQUIAL

9. VIRABHADRASANA I

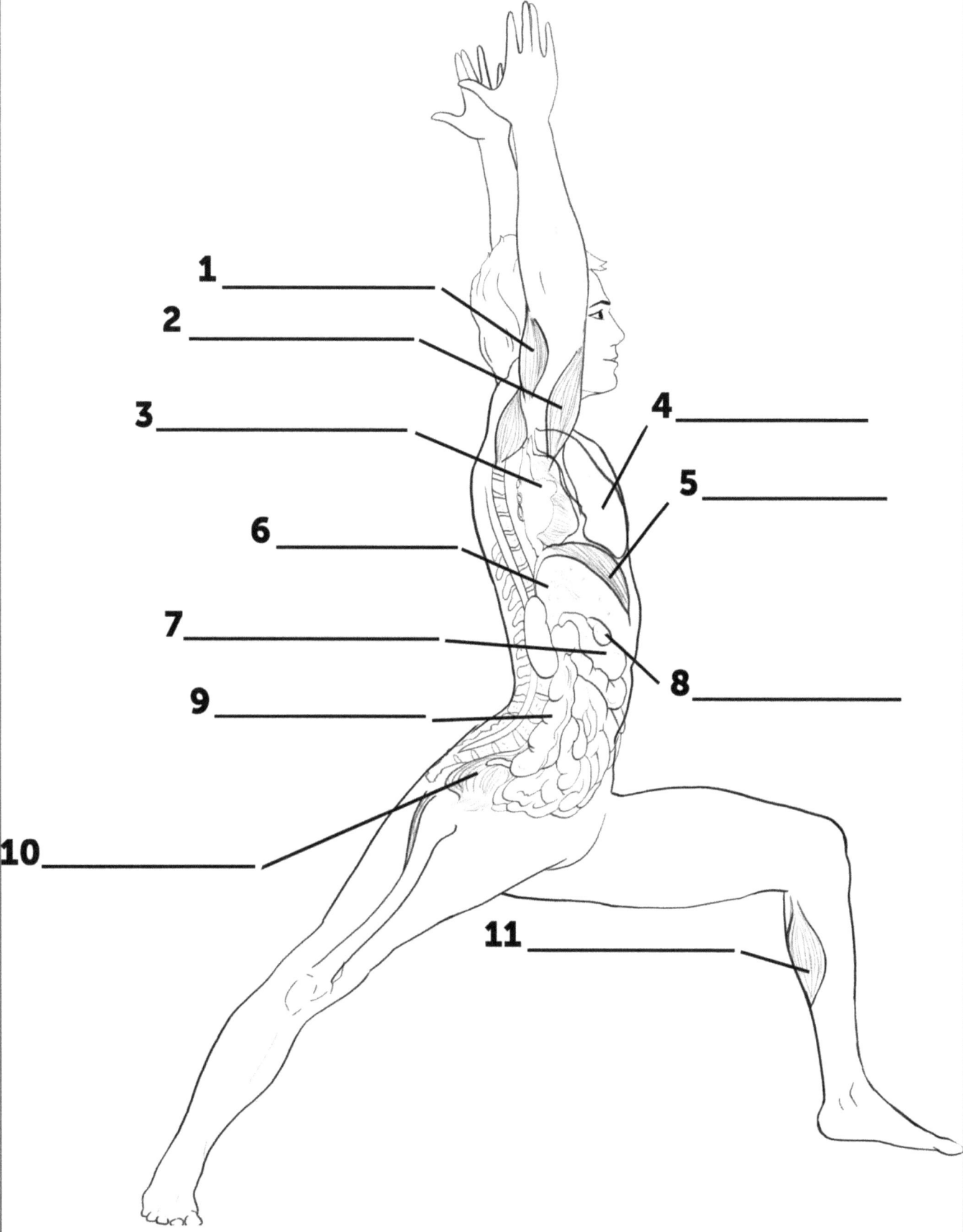

1 _____

2 _____

3 _____

4 _____

5 _____

6 _____

7 _____

8 _____

9 _____

10 _____

11 _____

9. VIRABHADRASANA I

1. BÍCEPS BRAQUIAL
2. TRÍCEPS BRAQUIAL
3. CORAZÓN
4. PULMONES
5. DIAFRAGMA
6. HÍGADO
7. ESTÓMAGO
8. VESÍCULA BILIAR
9. COLON ASCENDENTE
10. RECTO
11. GASTROCNEMIO

10. POSTURA DEL GUERRERO RETORCIDO

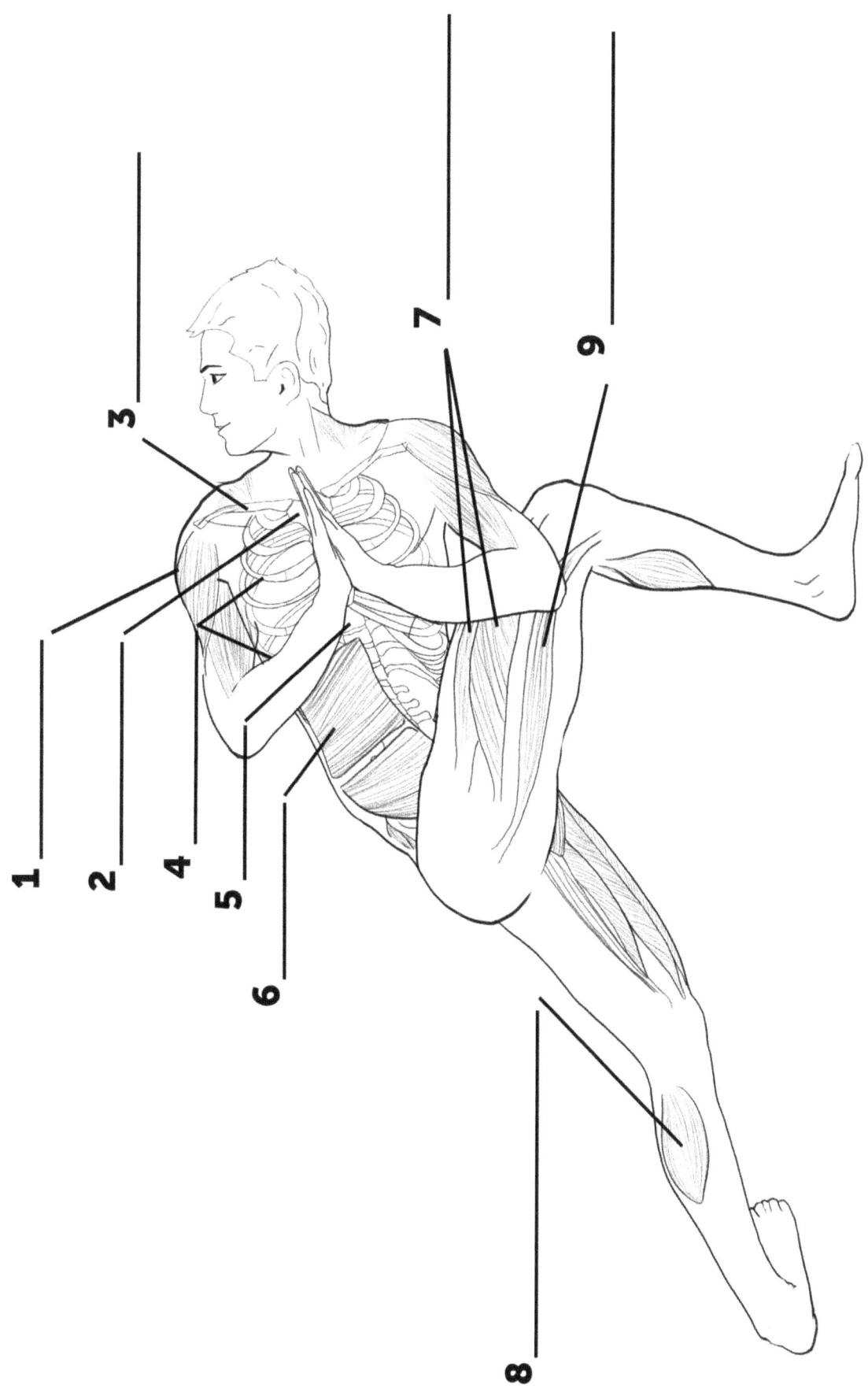

1

2

3

4

5

6

7

8

9

10. POSTURA DEL GUERRERO RETORCIDO

1. DELTOIDES
2. ESTERNÓN
3. CLAVÍCULA
4. COSTILLAS
5. COLUMNA VERTEBRAL
6. OBLICUO INTERNO
7. CUADRÍCEPS
8. GASTROCNEMIO
9. ISQUIOTIBIALES

11. PARIVRTTA TRIKONASANA

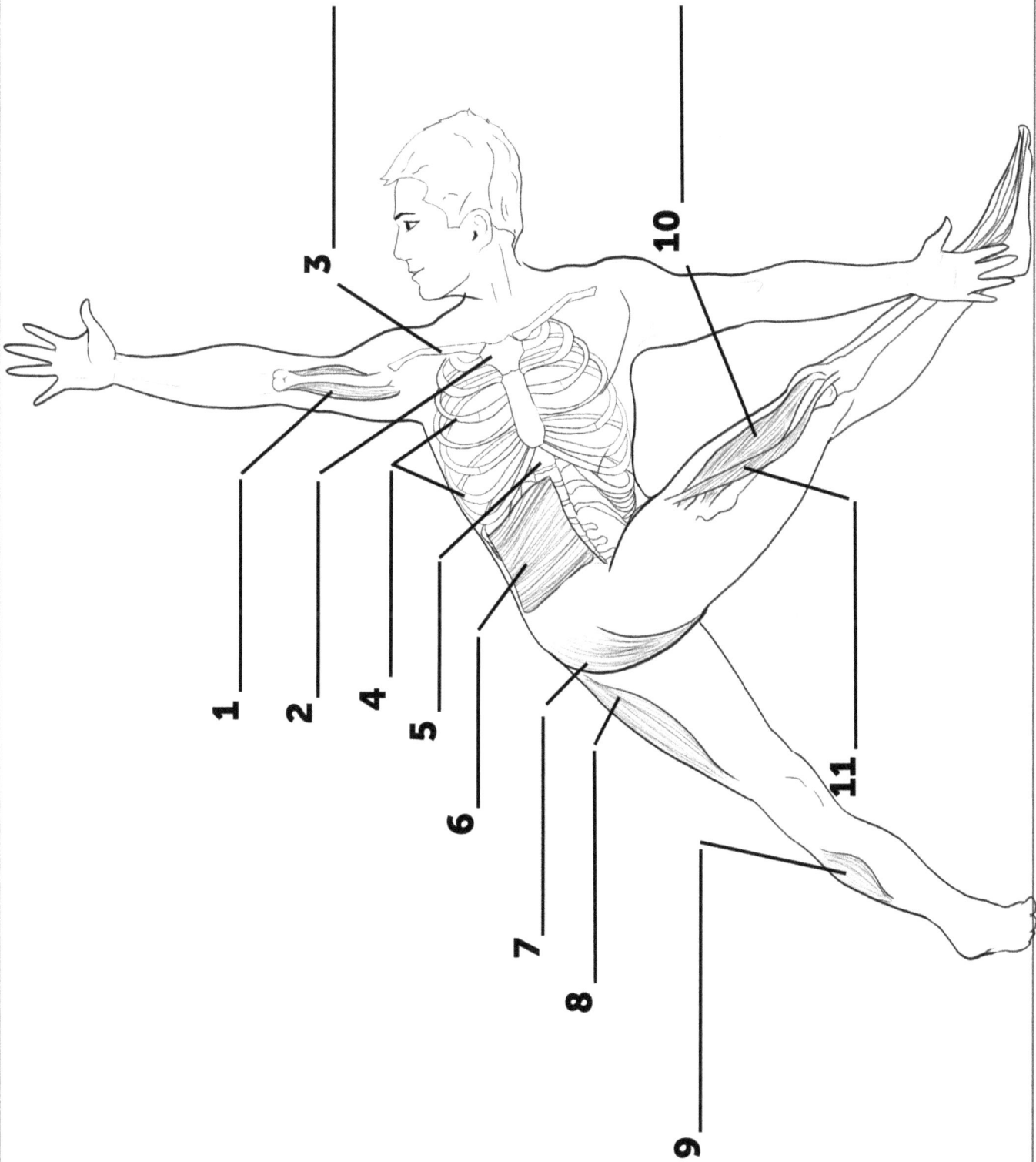

1

2

3

4

5

6

7

8

9

10

11

11. PARIVRTTA TRIKONASANA

1. TRÍCEPS BRAQUIAL
2. ESTERNÓN
3. CLAVÍCULA
4. COSTILLAS
5. COLUMNA VERTEBRAL
6. OBLICUO INTERNO
7. MÚSCULO GLÚTEO MAYOR
8. ISQUIOTIBIALES
9. GASTROCNEMIO
10. CUADRÍCEPS
11. SARTORIO

12. BADDHA PARIVRTTA PARSVAKONASANA

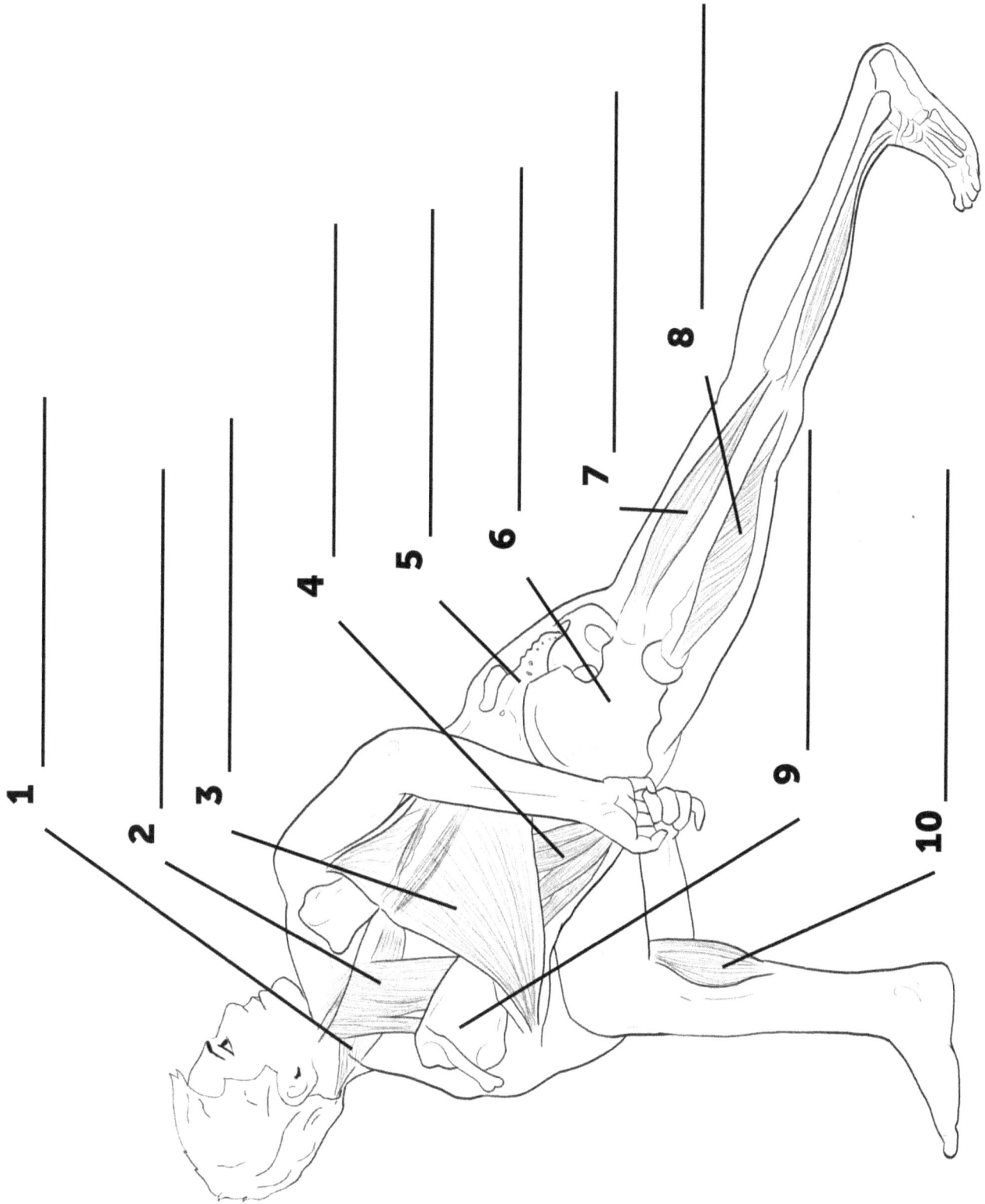

1 _____

2 _____

3 _____

4 _____

5 _____

6 _____

7 _____

8 _____

9 _____

10 _____

12. BADDHA PARIVRTTA PARSVAKONASANA

1. MÚSCULO ESPLENIO DE LA CABEZA

2. ROMBOIDES

3. LATISSIMUS DORSI

4. ERECTOR DE LA COLUMNA

5. SACRO

6. PELVIS

7. ISQUIOTIBIALES

8. CUADRÍCEPS

9. ESCÁPULA

10. GASTROCNEMIO

13. POSTURA DEL CAMELLO

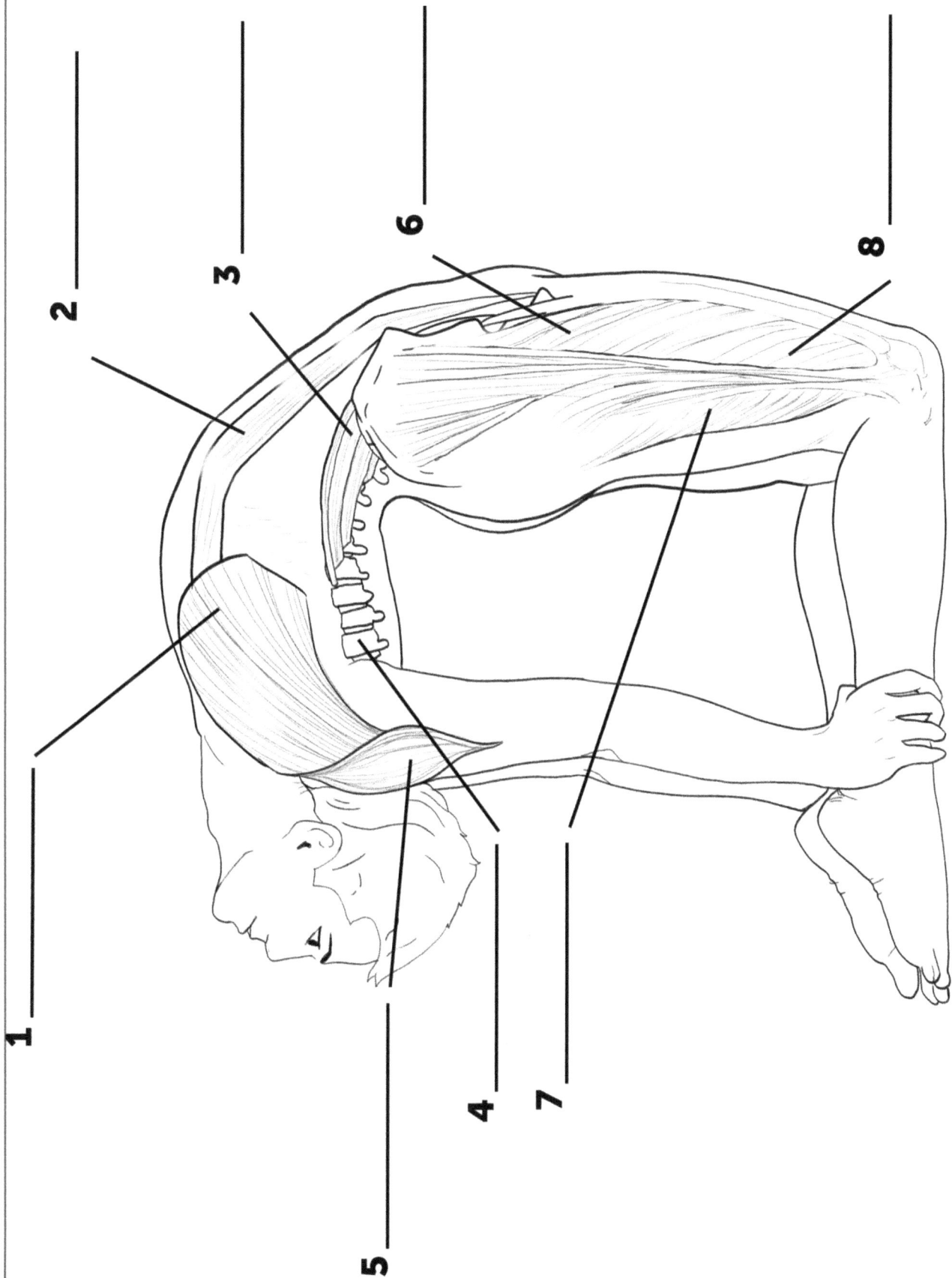

1

2

3

6

8

4

7

5

13. POSTURA DEL CAMELLO

1. PECTORAL MAYOR

2. RECTO ABDOMINAL

3. MÚSCULO PSOAS MAYOR

4. COLUMNA VERTEBRAL

5. DELTOIDES

6. RECTO FEMORAL

7. ISQUIOTIBIALES

8. MÚSCULO VASTO LATERAL

14. VIRABHADRASANA I

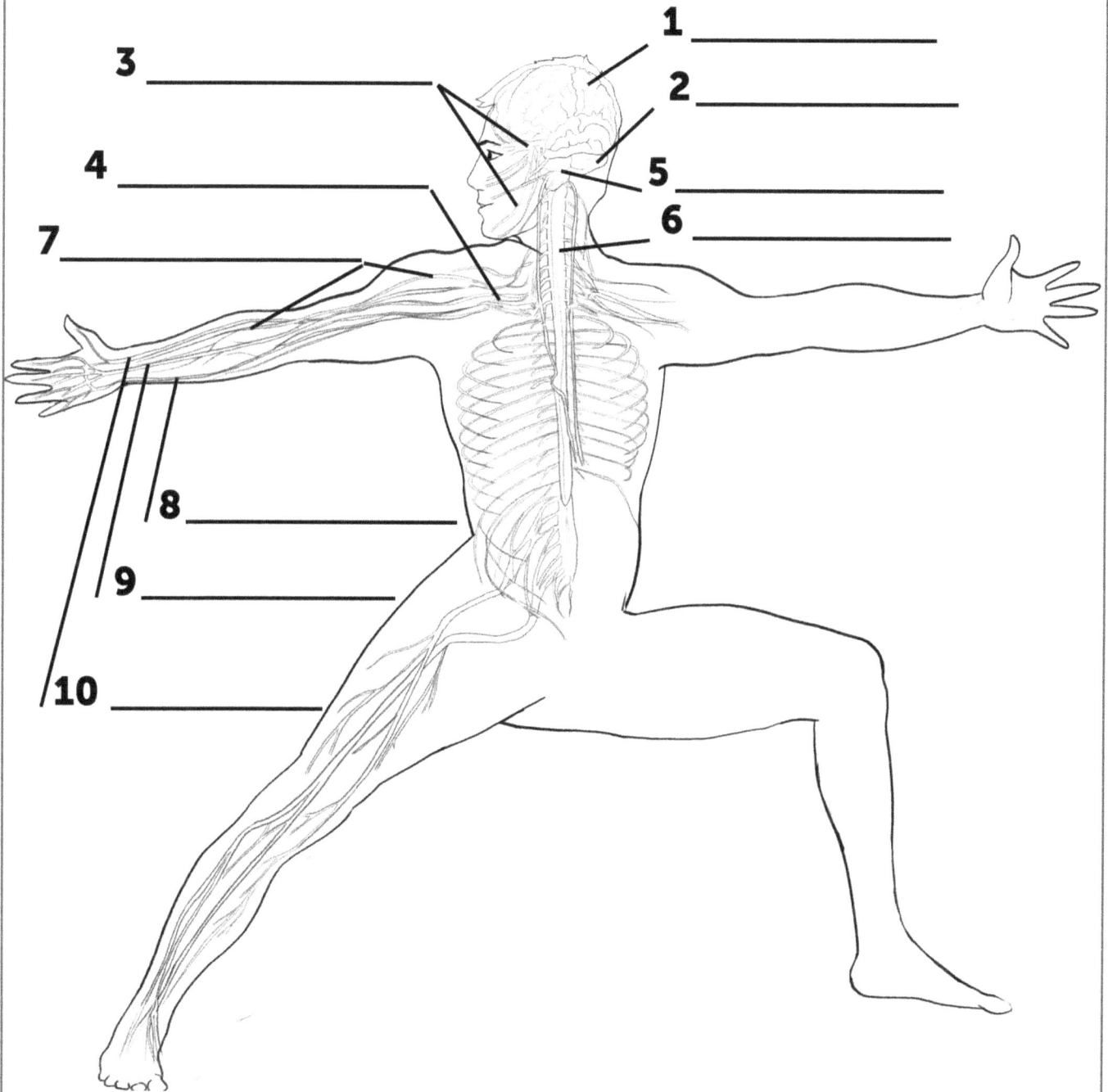

1 _____

2 _____

3 _____

4 _____

5 _____

6 _____

7 _____

8 _____

9 _____

10 _____

14. VIRABHADRASANA I

1. CEREBRO
2. CEREBELO
3. NERVIOS CRANEALES
4. PLEXO BRAQUIAL
5. TRONCO ENCEFÁLICO
6. MÉDULA ESPINAL
7. MUSCULOCUTÁNEO
8. ULNAR
9. MEDIANA
10. RADIAL

15. VIRABHADRASANA I

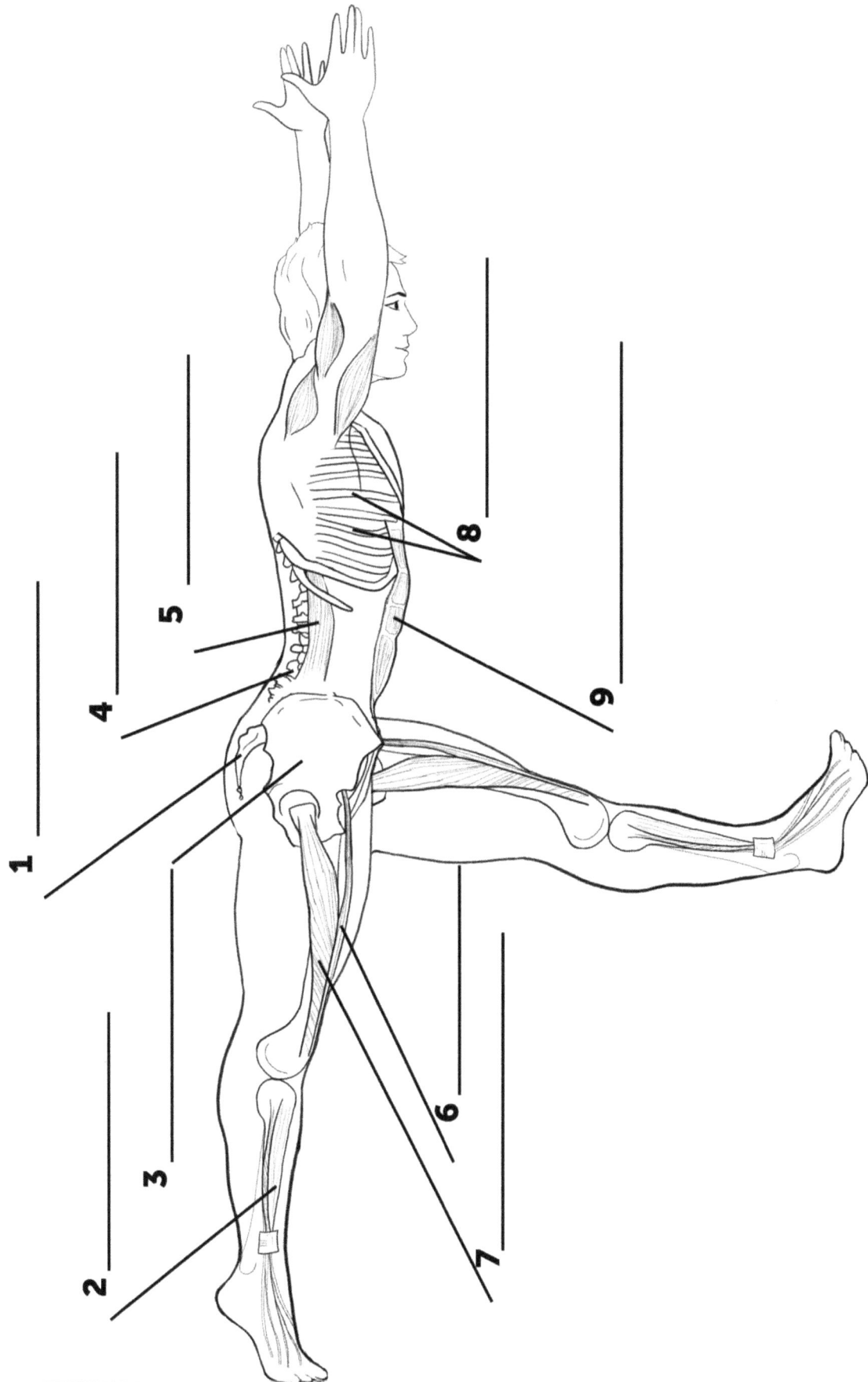

1

2

3

4

5

6

7

8

9

15. VIRABHADRASANA I

1. SACRO
2. TIBIAL ANTERIOR
3. PELVIS
4. COLUMNA VERTEBRAL
5. ERECTOR DE LA COLUMNA
6. SARTORIO
7. RECTO FEMORAL
8. COSTILLAS
9. RECTO ABDOMINAL

16. VIPARITA VIRABHADRASANA

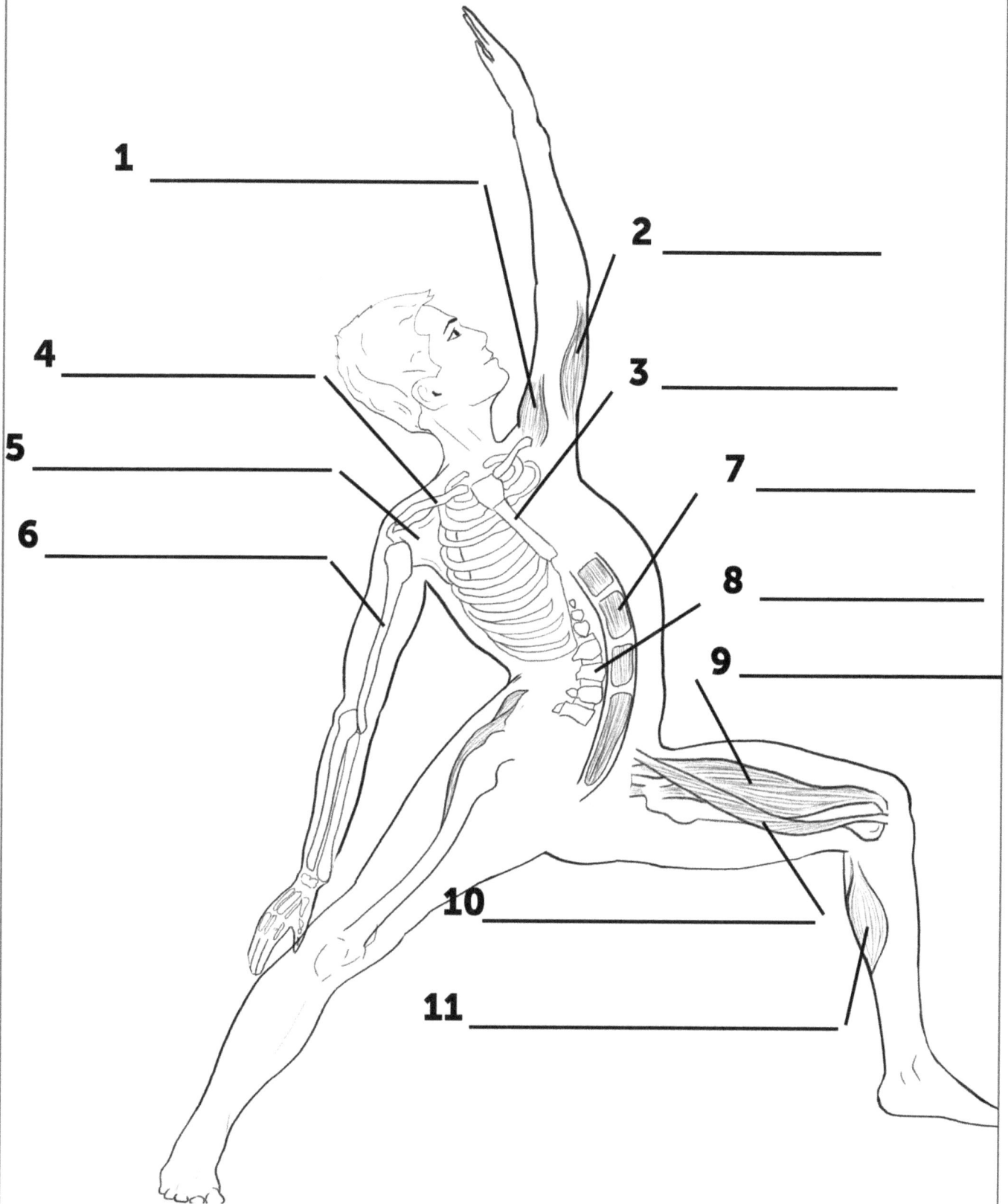

1 _____

2 _____

3 _____

4 _____

5 _____

6 _____

7 _____

8 _____

9 _____

10 _____

11 _____

16. VIPARITA VIRABHADRASANA

1. DELTOIDES
2. TRÍCEPS BRAQUIAL
3. ESTERNÓN
4. CLAVÍCULA
5. ESCÁPULA
6. HÚMERO
7. RECTO ABDOMINAL
8. COLUMNA VERTEBRAL
9. RECTO FEMORAL
10. SARTORIO
11. GASTROCNEMIO

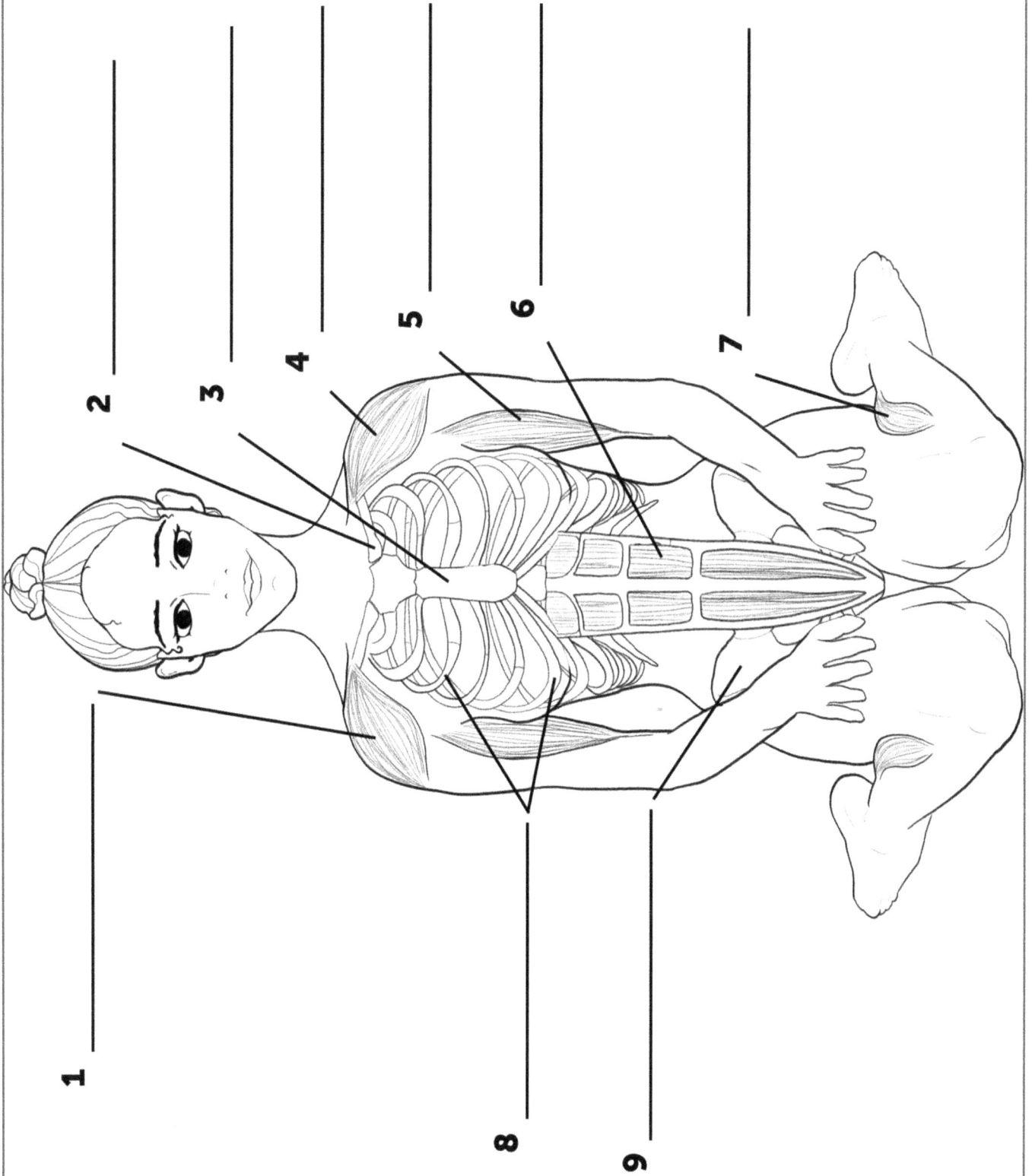

17. VIRASANA

1

2

3

4

5

6

7

8

9

17. VIRASANA

1. DELTOIDES
2. CLAVÍCULA
3. ESTERNÓN
4. DELTOIDES
5. BÍCEPS BRAQUIAL
6. RECTO ABDOMINAL
7. GASTROCNEMIO
8. COSTILLAS
9. PELVIS

18. ARDHA SUPTA VIRASANA

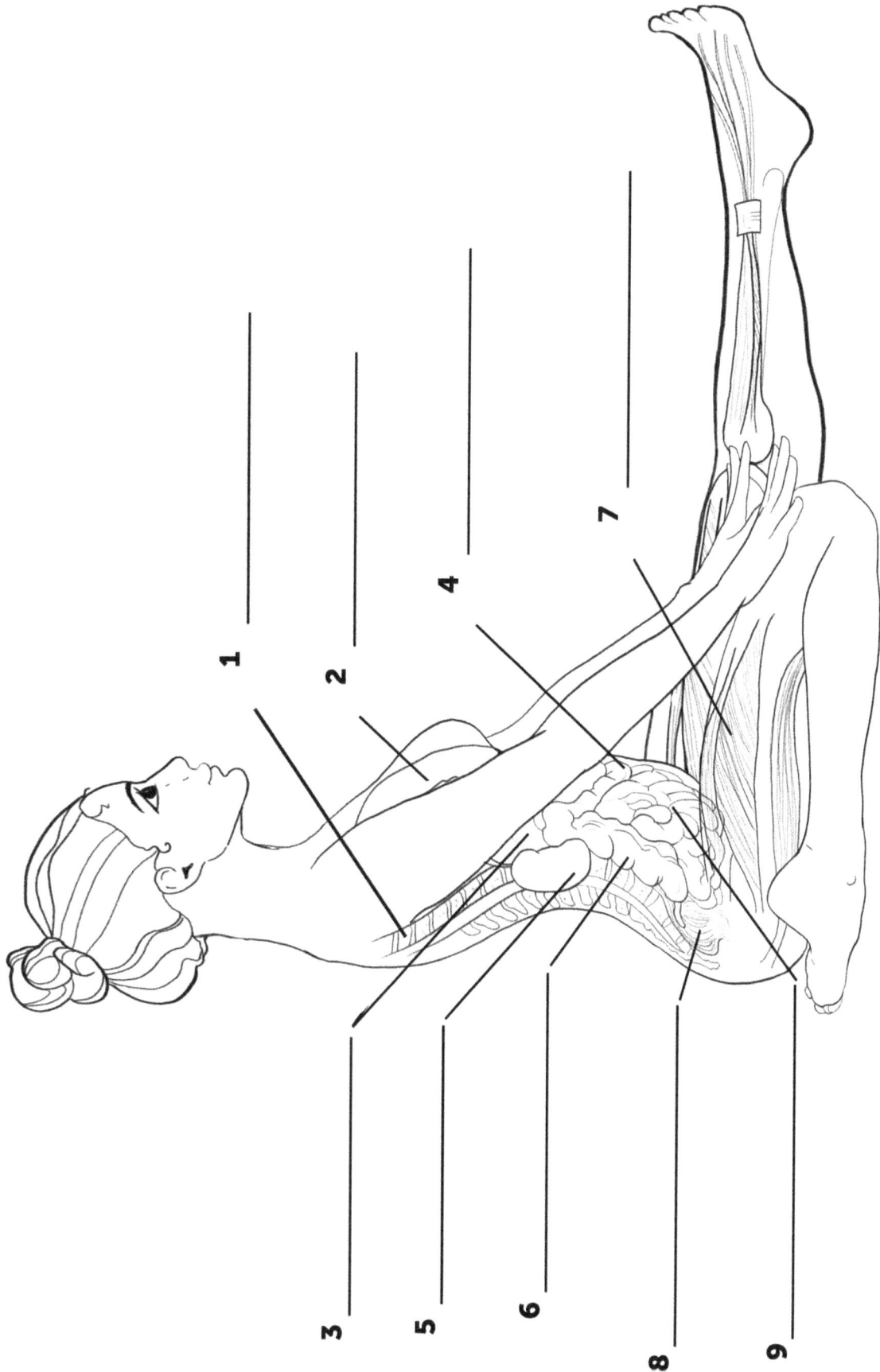

18. ARDHA SUPTA VIRASANA

1. COLUMNA VERTEBRAL

2. PULMONES

3. HÍGADO

4. COLON TRANSVERSO

5. RIÑÓN

6. COLON ASCENDENTE

7. CUADRÍCEPS

8. RECTO

9. FOLICULOS DE INTESTINO DELGADO

19. SUPTA VIRASANA

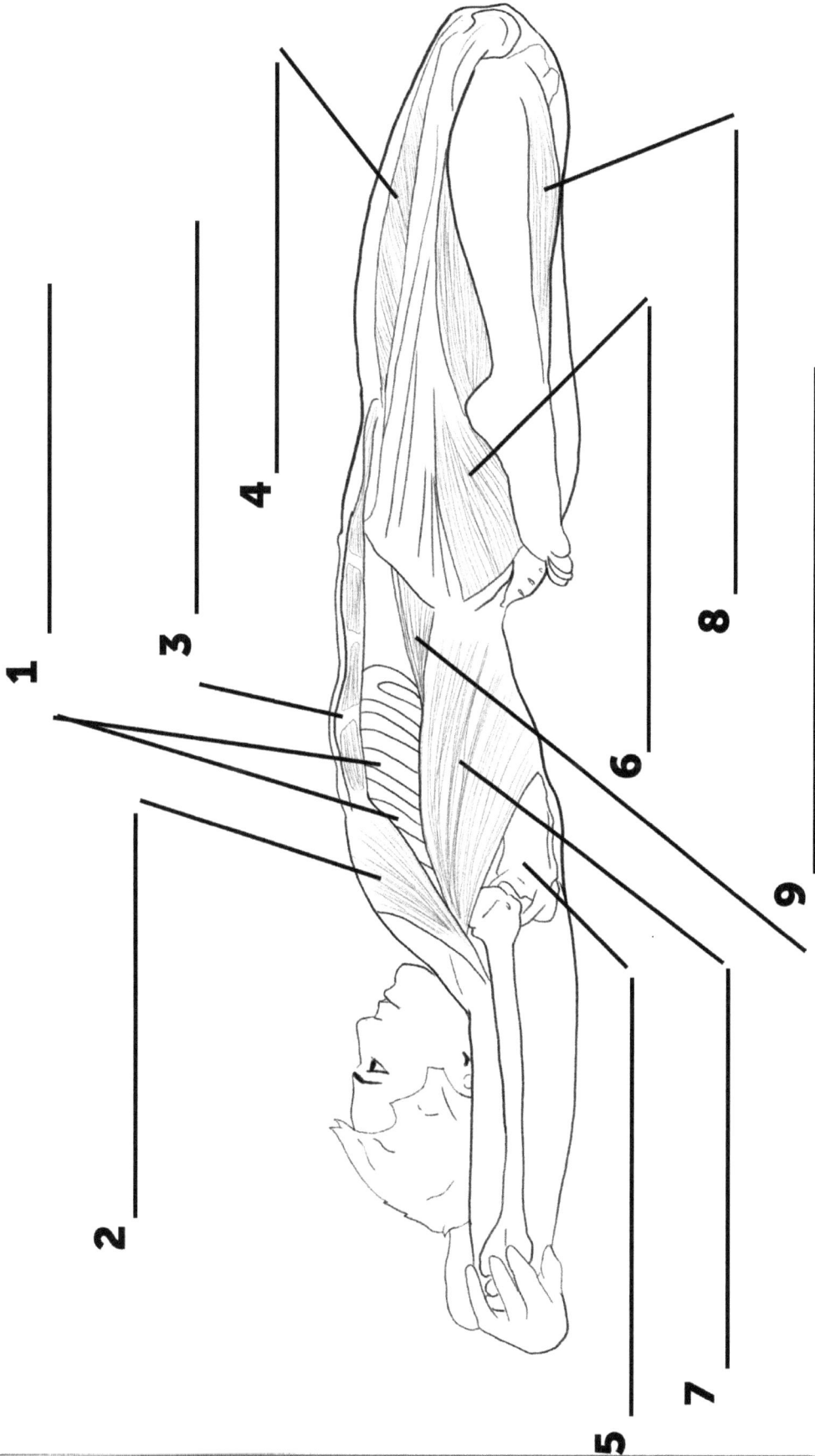

1

2

3

4

5

6

7

8

9

19. SUPTA VIRASANA

1. COSTILLAS
2. PECTORAL MAYOR
3. RECTO ABDOMINAL
4. MÚSCULO VASTO LATERAL
5. ESCÁPULA
6. MÚSCULO GLÚTEO MAYOR
7. LATISSIMUS DORSI
8. TIBIAL ANTERIOR
9. MÚSCULO PSOAS MAYOR

20. UTTHITA HASTA PADANGUSTHASANA

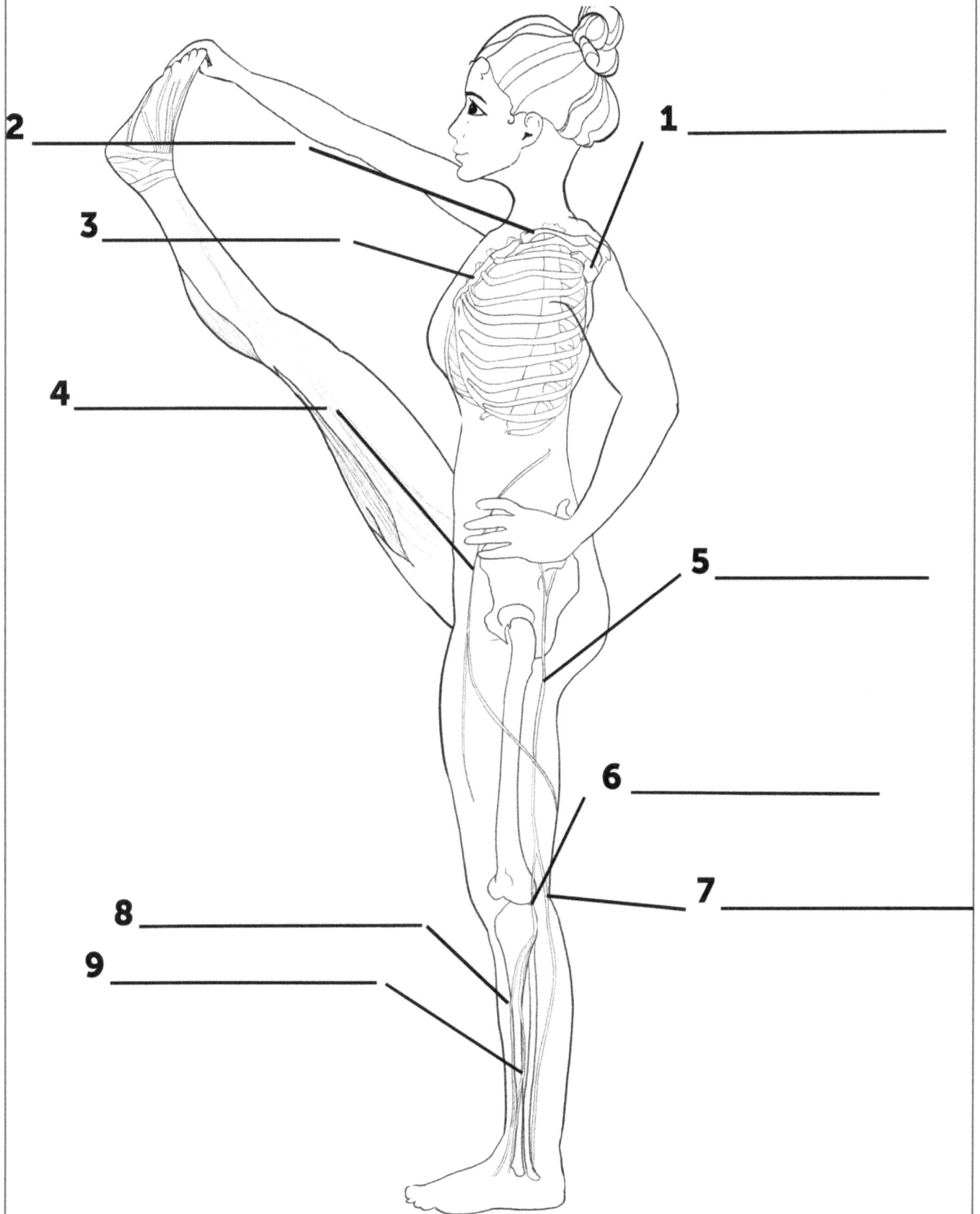

2 _____

3 _____

4 _____

8 _____

9 _____

1 _____

5 _____

6 _____

7 _____

20. UTTHITA HASTA PADANGUSTHASANA

1. ESCÁPULA

2. CLAVÍCULA

3. ESTERNÓN

4. NERVIO CUTÁNEO FEMORAL LATERAL

5. NERVIO CIÁTICO

6. NERVIO PERONEO COMÚN

7. NERVIO TIBIAL

8. NERVIO PERONEO PROFUNDO

9. NERVIO PERONEO SUPERFICIAL

21. KAPOTASANA

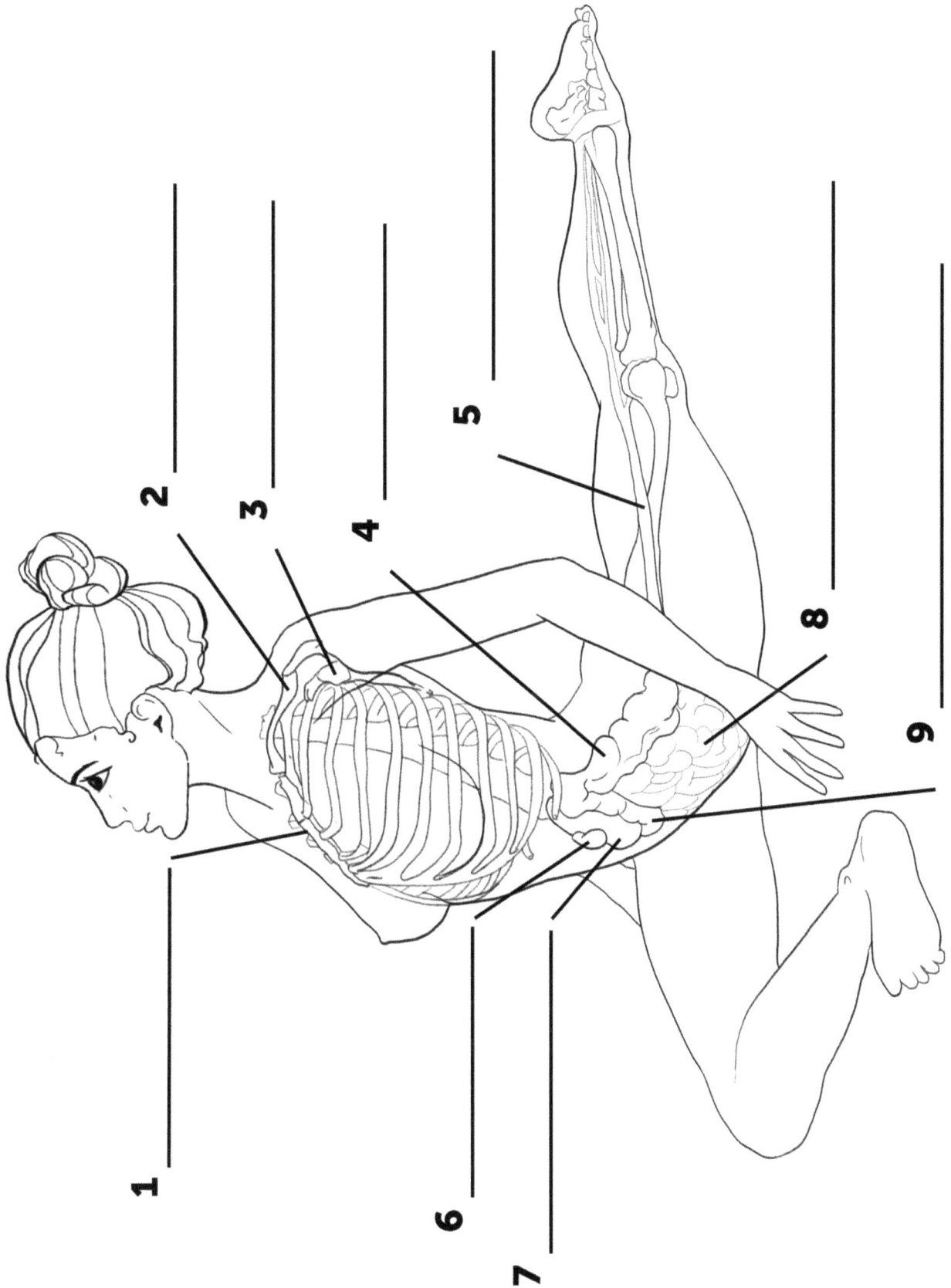

1

2

3

4

5

6

7

8

9

21. KAPOTASANA

1. ESTERNÓN
2. CLAVÍCULA
3. ESCÁPULA
4. COLON ASCENDENTE
5. NERVIO CIÁTICO
6. VESÍCULA BILIAR
7. ESTÓMAGO
8. FOLICULOS DE INTESTINO DELGADO
9. COLON TRANSVERSO

22. URDHVA MUKHA PASASANA VINYASA

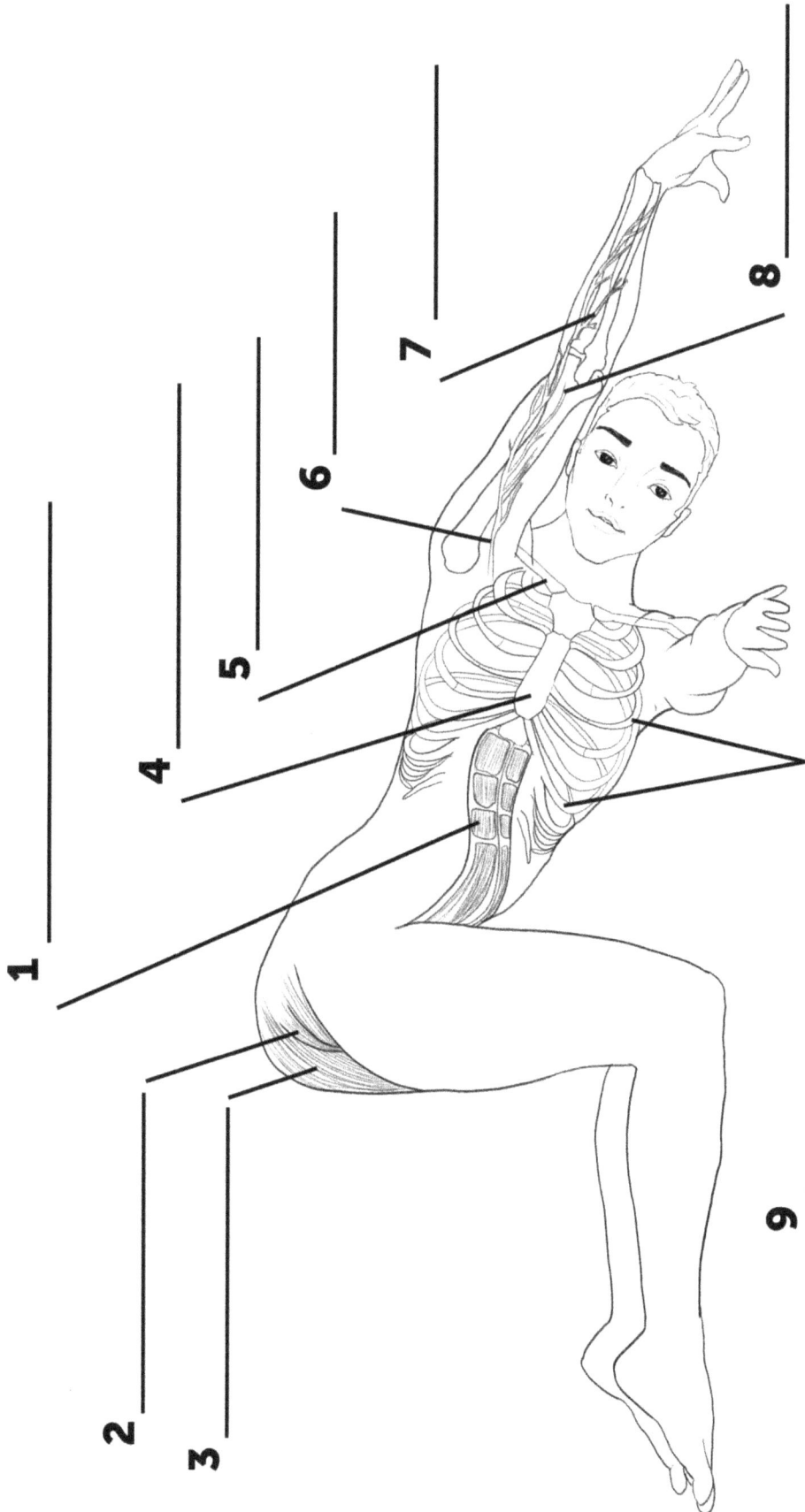

1

2

3

4

5

6

7

8

9

22. URDHVA MUKHA PASASANA VINYASA

1.   RECTO ABDOMINAL

2.   PIRIFORME

3.   MÚSCULO GLÚTEO MAYOR

4.   ESTERNÓN

5.   CLAVÍCULA

6.   NERVIO RADIAL

7.   NERVIO INTERÓSEO POSTERIOR

8.   ANCÓNEO

9.   COSTILLAS

23. KROUNCHASANA

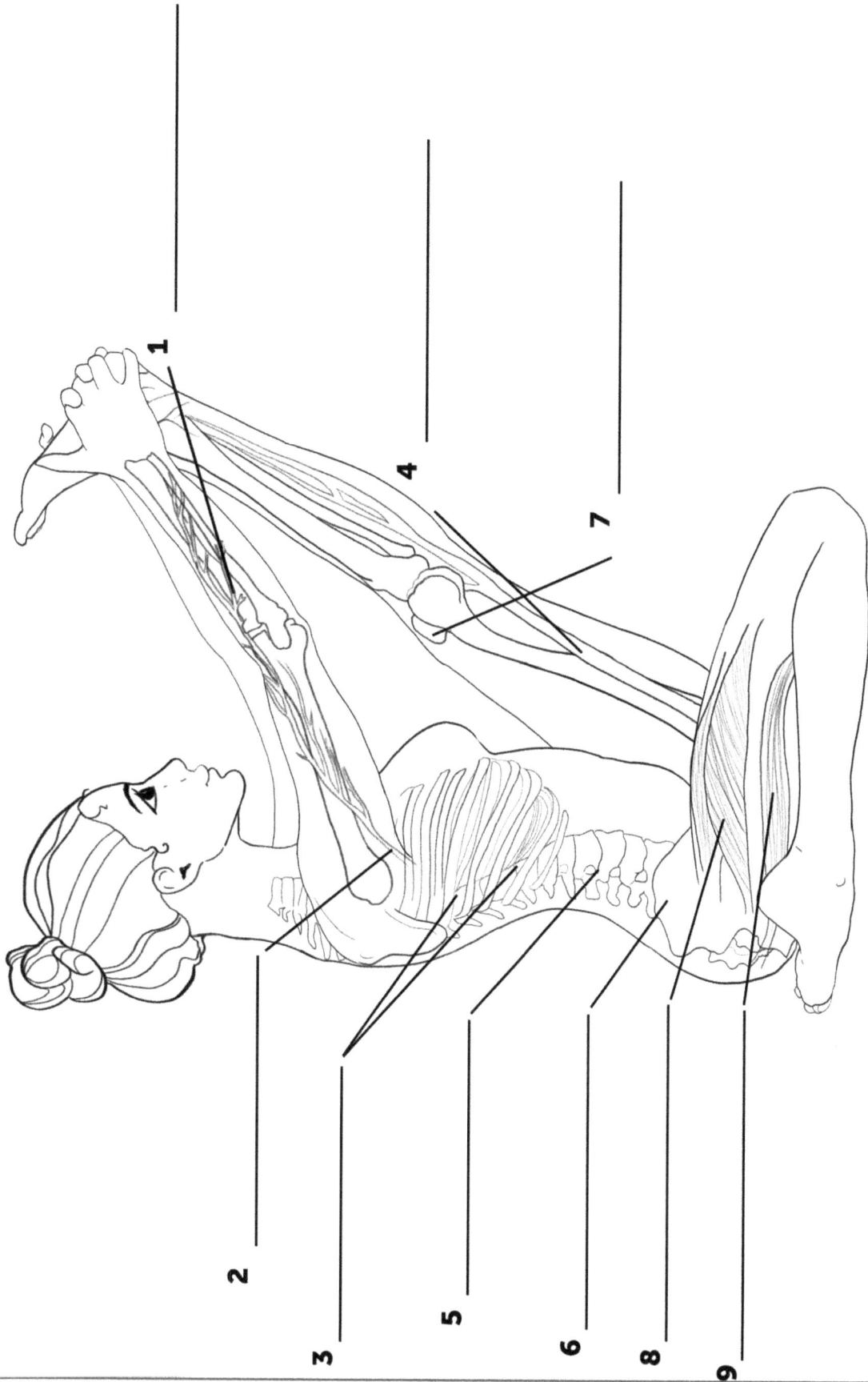

23. KROUNCHASANA

1. NERVIO INTERÓSEO POSTERIOR
2. NERVIO RADIAL
3. COSTILLAS
4. NERVIO CIÁTICO
5. COLUMNA VERTEBRAL
6. PELVIS
7. RÓTULA
8. CUADRÍCEPS
9. ISQUIOTIBIALES

24. DHANURASANA

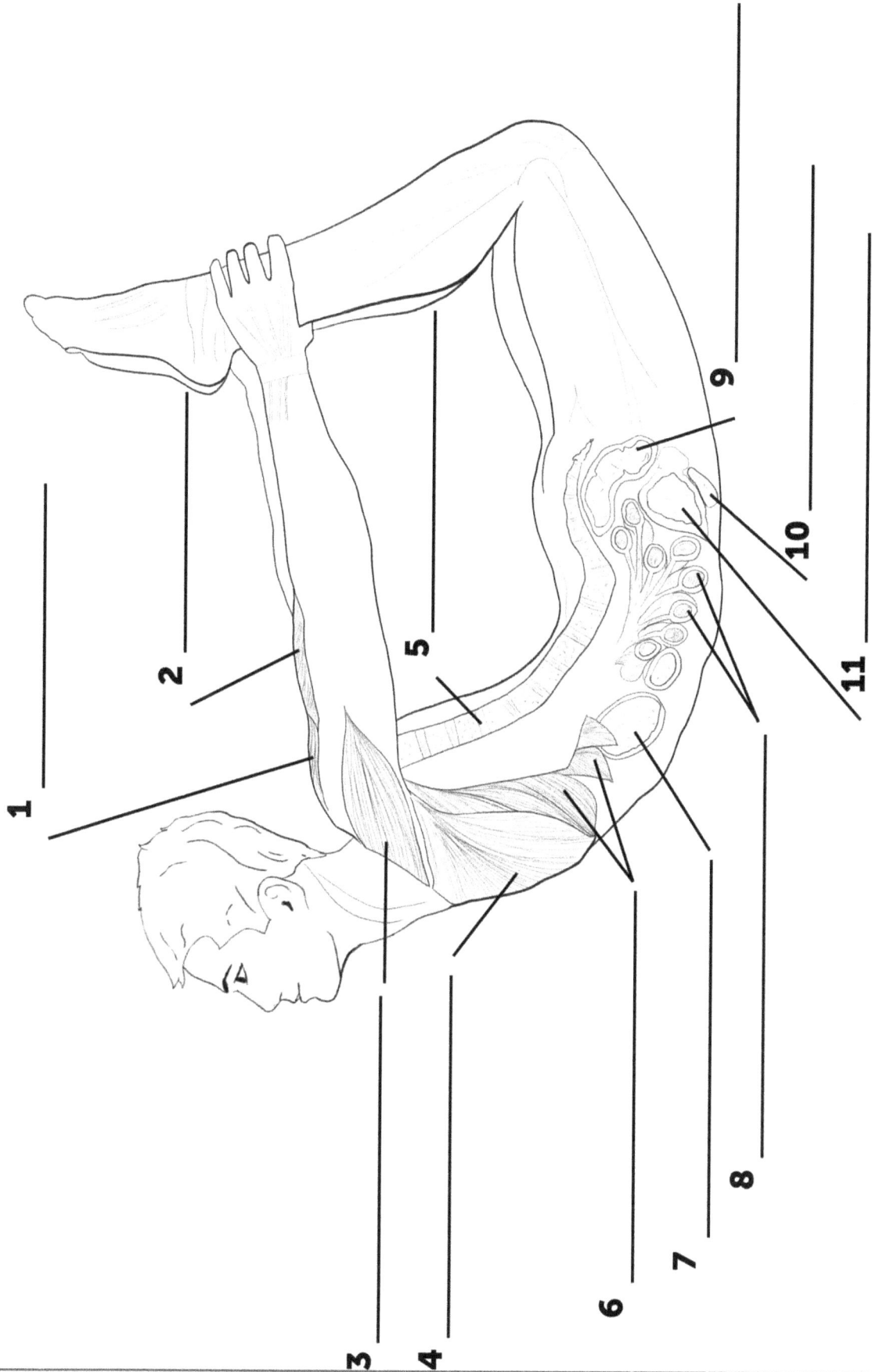

24. DHANURASANA

1. DELTOIDES POSTERIOR
2. TRÍCEPS BRAQUIAL
3. DELTOIDES ANTERIOR
4. PECTORAL MAYOR
5. COLUMNA VERTEBRAL
6. SERRATO ANTERIOR
7. ESTÓMAGO
8. FOLICULOS DE INTESTINO DELGADO
9. RECTO
10. HUESO PÚBICO
11. VEJIGA URINARIA

25. URDHVA DHANURASANA

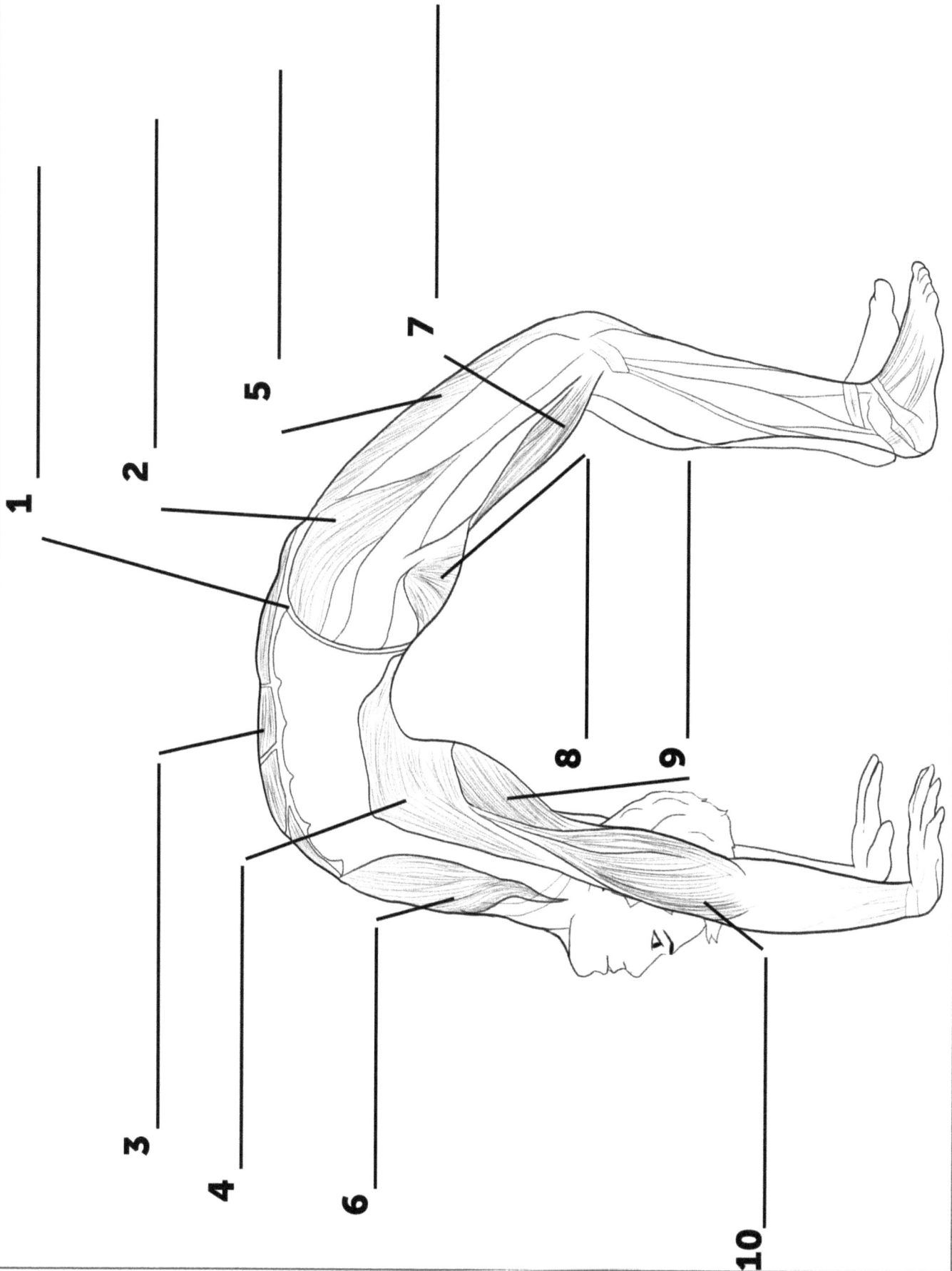

1

2

5

7

3

4

6

8

9

10

25. URDHVA DHANURASANA

1. ILIOPSOAS
2. MÚSCULO TENSOR DE LA FASCIA LATA
3. RECTO ABDOMINAL
4. LATISSIMUS DORSI
5. CUADRÍCEPS
6. PECTORAL MAYOR
7. ISQUIOTIBIALES
8. MÚSCULO GLÚTEO MAYOR
9. ERECTOR DE LA COLUMNA
10. TRÍCEPS BRAQUIAL

26. UTTHAN PRISTHASANA

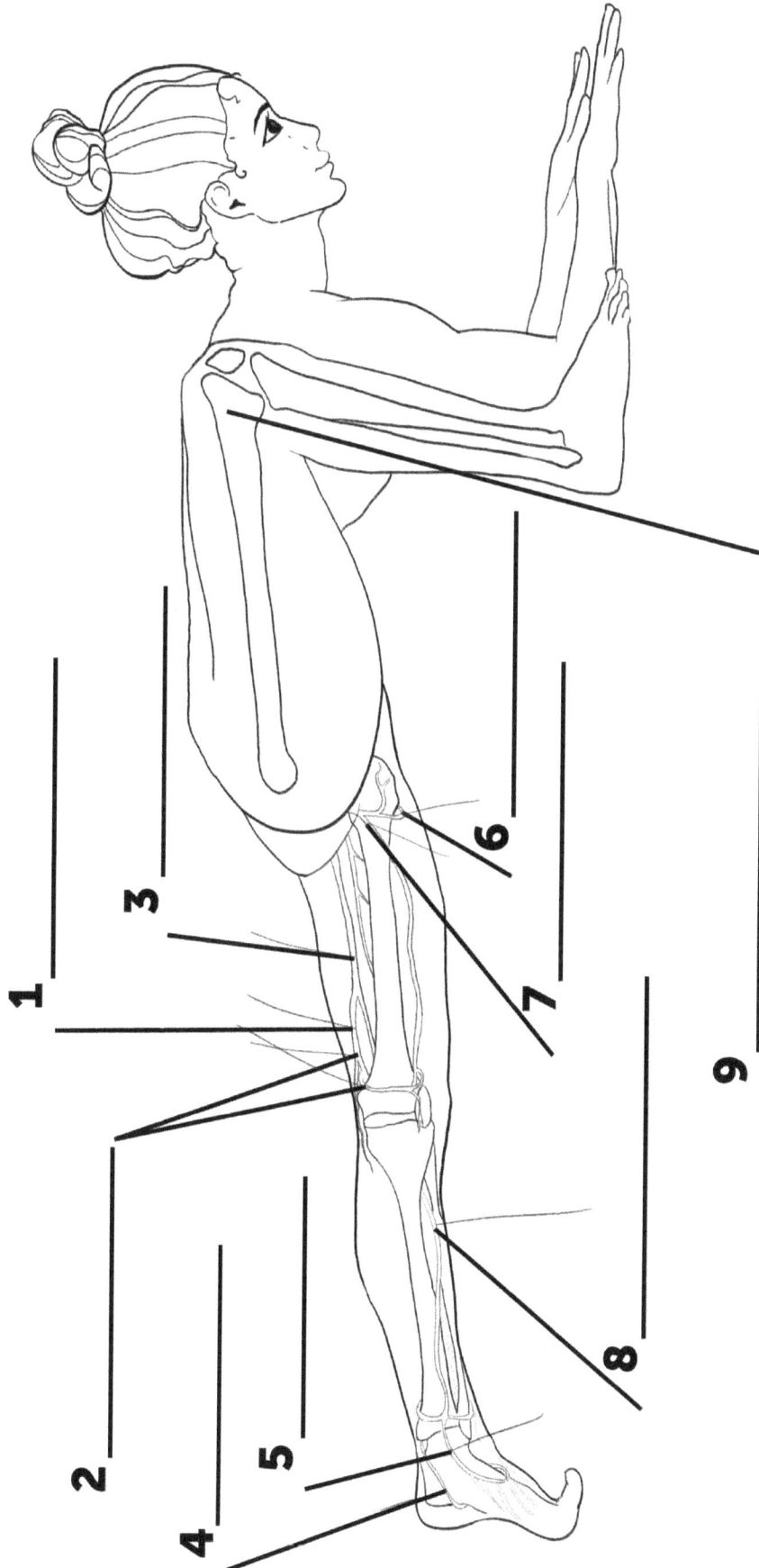

26. UTTHAN PRISTHASANA

1. HIATO ADUCTOR
2. ARTERIAS GENICULARES
3. ARTERIA FEMORAL
4. ARTERIA PLANTAR MEDIAL
5. ARTERIA DORSALIS PEDIS
6. ARTERIA FEMORAL CIRCUNFLEJA LATERAL
7. RAMA DESCENDENTE
8. ARTERIA TIBIAL ANTERIOR
9. FÉMUR

27. EKA PADA RAJAKAPOTASANA

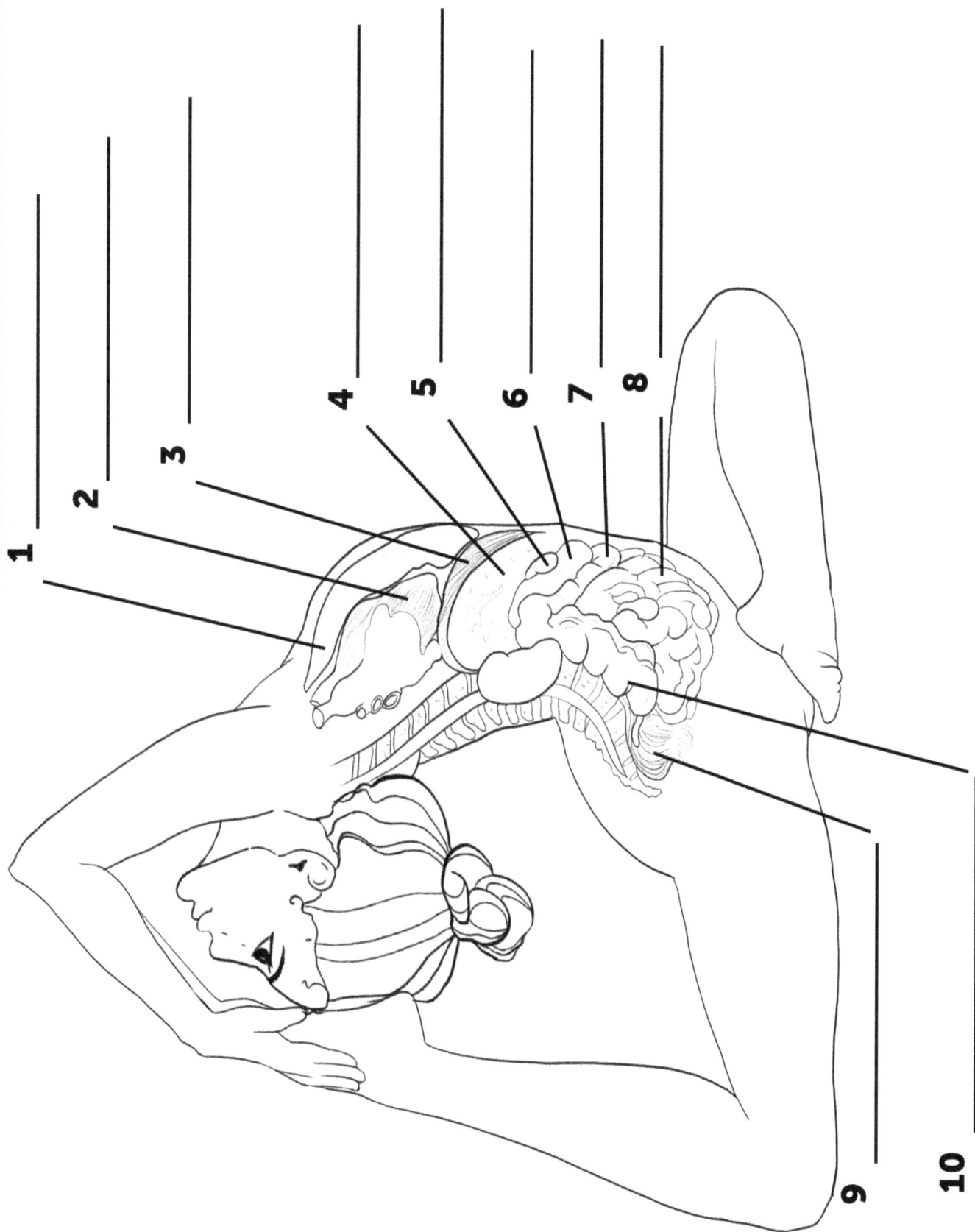

1

2

3

4

5

6

7

8

9

10

27. EKA PADA RAJAKAPOTASANA

1. PULMONES
2. CORAZÓN
3. DIAFRAGMA
4. HÍGADO
5. VESÍCULA BILIAR
6. ESTÓMAGO
7. COLON TRANSVERSO
8. FOLICULOS DE INTESTINO DELGADO
9. RECTO
10. COLON ASCENDENTE

28. VRIKSASANA

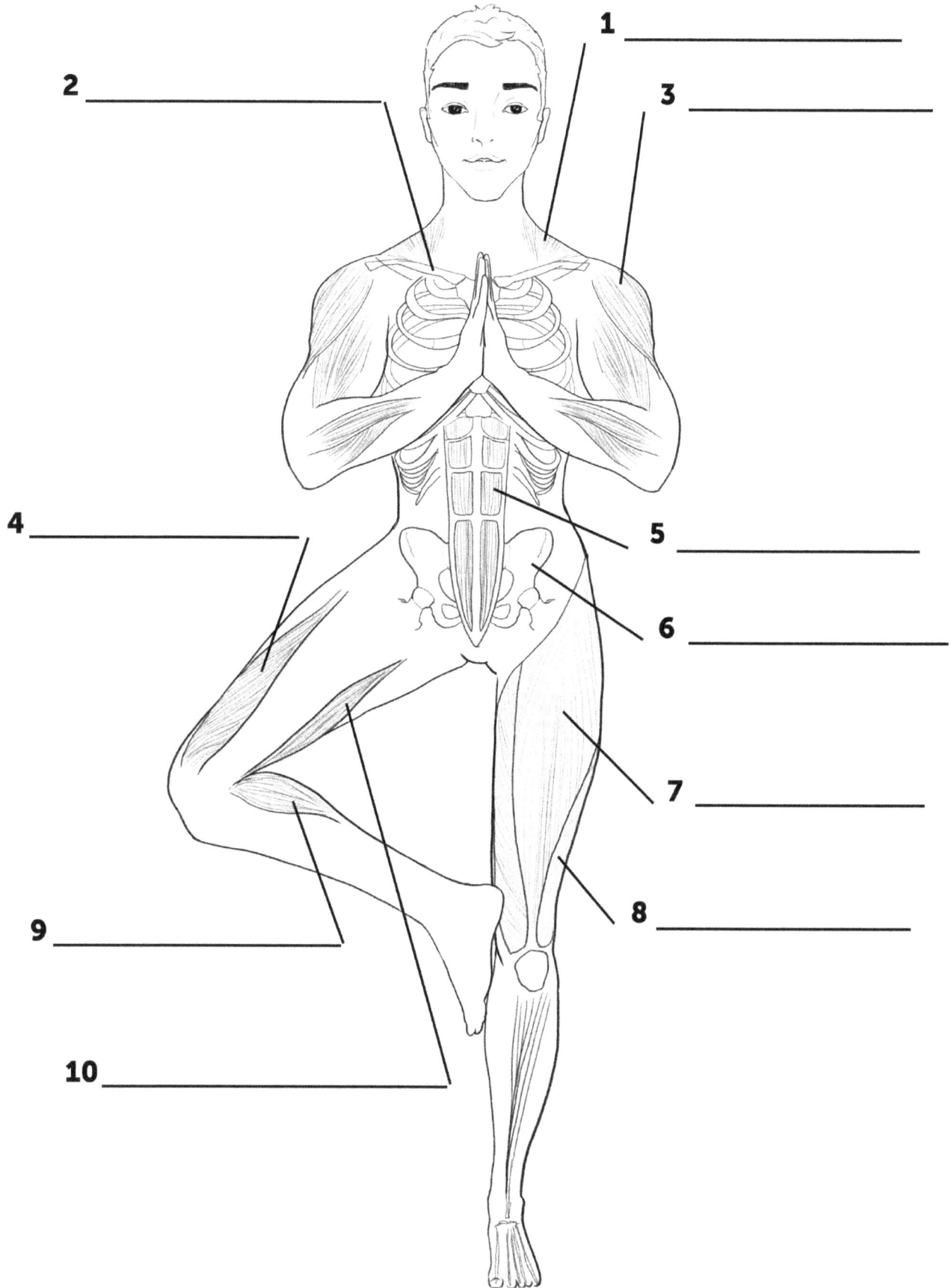

1 _____

2 _____

3 _____

4 _____

5 _____

6 _____

7 _____

8 _____

9 _____

10 _____

28. VRIKSASANA

1. TRAPECIO
2. CLAVÍCULA
3. DELTOIDES
4. CUADRÍCEPS
5. RECTO ABDOMINAL
6. PELVIS
7. RECTO FEMORAL
8. MÚSCULO VASTO LATERAL
9. GASTROCNEMIO
10. ISQUIOTIBIALES

29. POSTURA DEL CUERVO

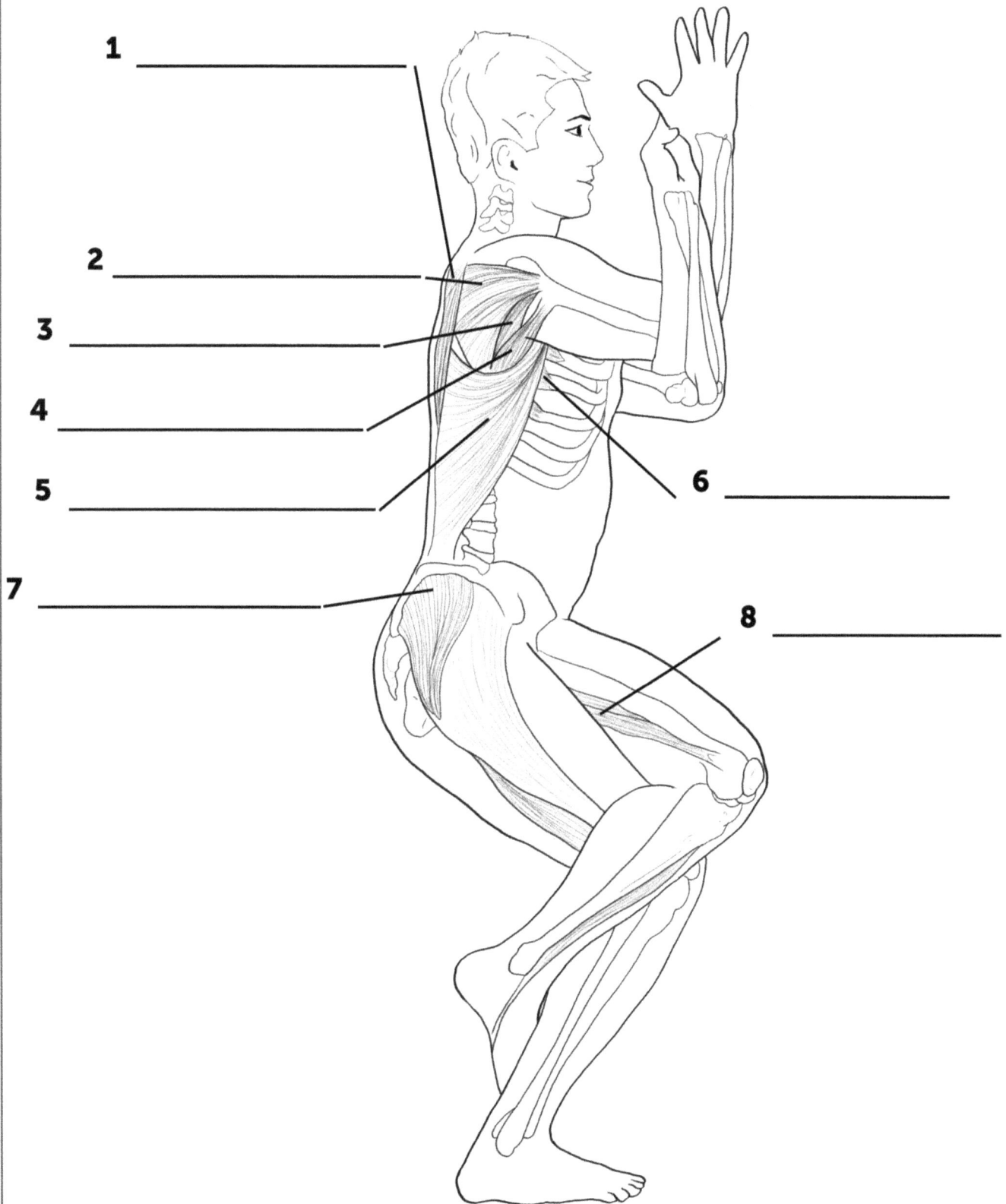

1 _____

2 _____

3 _____

4 _____

5 _____

6 _____

7 _____

8 _____

29. POSTURA DEL CUERVO

1. TRAPECIO
2. INFRAESPINOSO
3. REDONDO MENOR
4. MÚSCULO REDONDO MAYOR
5. LATISSIMUS DORSI
6. SERRATO ANTERIOR
7. GLÚTEO MEDIO
8. ADUCTOR MAYOR

30. JANU SIRSASANA

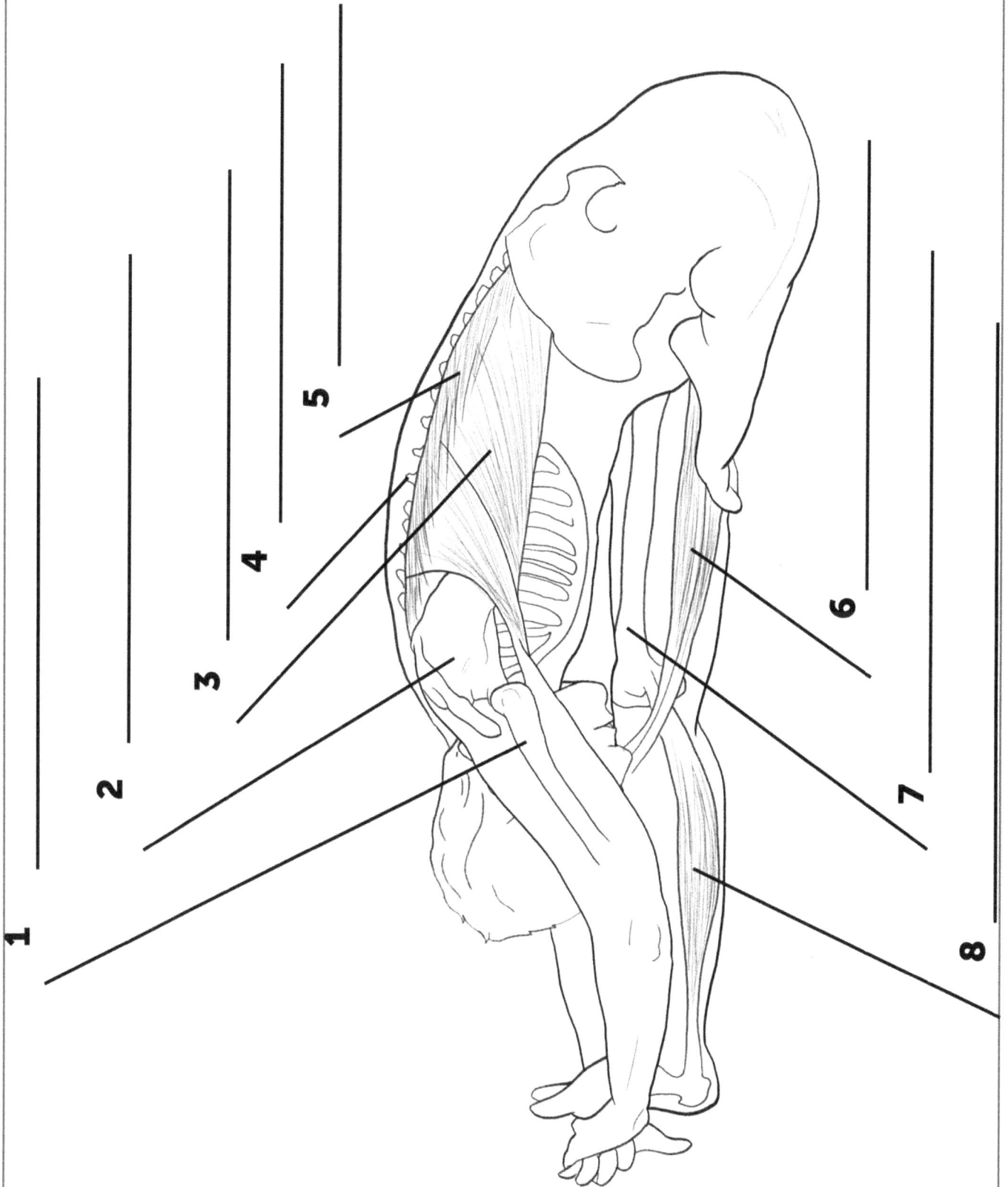

1
2
3
4
5
6
7
8

30. JANU SIRSASANA

1. HÚMERO
2. ESCÁPULA
3. LATISSIMUS DORSI
4. COLUMNA VERTEBRAL
5. ERECTOR DE LA COLUMNA
6. ISQUIOTIBIALES
7. FÉMUR
8. GASTROCNEMIO

31. POSTURA DEL BAILARIN

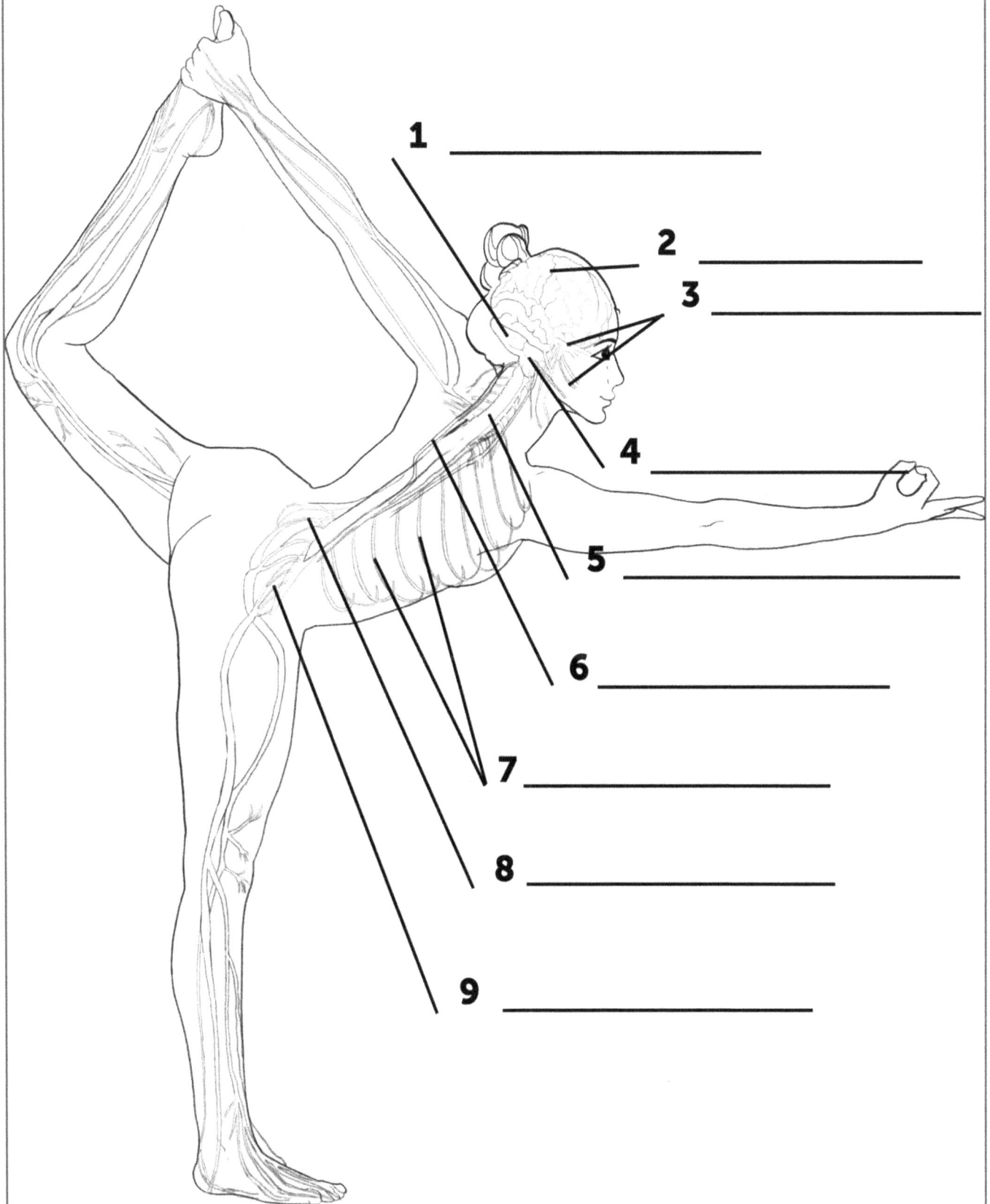

1 _____

2 _____

3 _____

4 _____

5 _____

6 _____

7 _____

8 _____

9 _____

31. POSTURA DEL BAILARIN

1. CEREBELO
2. CEREBRO
3. NERVIOS CRANEALES
4. TRONCO ENCEFÁLICO
5. MÉDULA ESPINAL
6. NERVIO VAGO
7. INTERCOSTALES
8. PLEXO LUMBAR
9. PLEXO SACRO

32. PARIVRTTA UTKATASANA

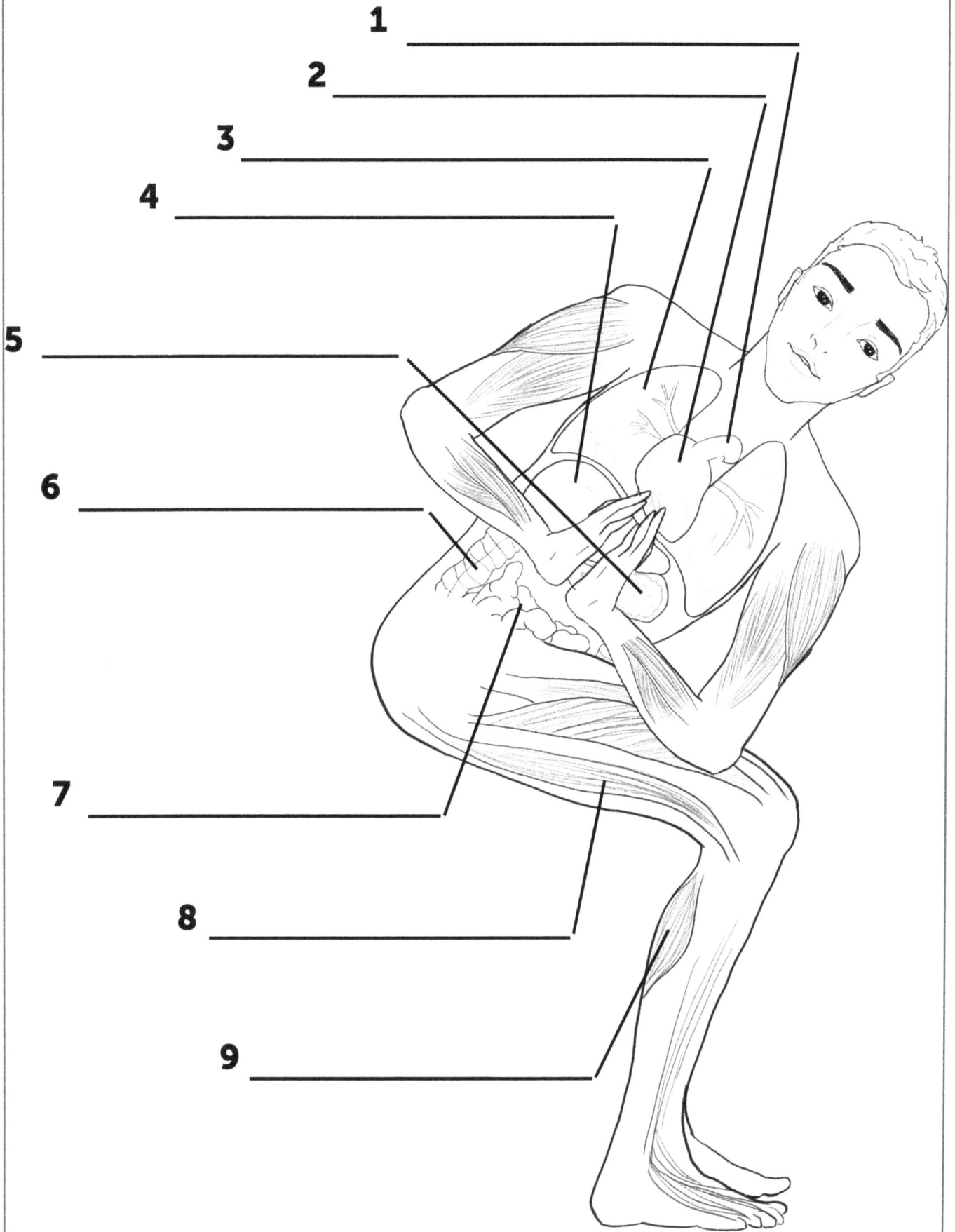

1 _____

2 _____

3 _____

4 _____

5 _____

6 _____

7 _____

8 _____

9 _____

32. PARIVRTTA UTKATASANA

1. AORTA
2. CORAZÓN
3. PULMONES
4. HÍGADO
5. ESTÓMAGO
6. COLON ASCENDENTE
7. FOLICULOS DE INTESTINO DELGADO
8. ISQUIOTIBIALES
9. GASTROCNEMIO

35. POSTURA DEL LOTO

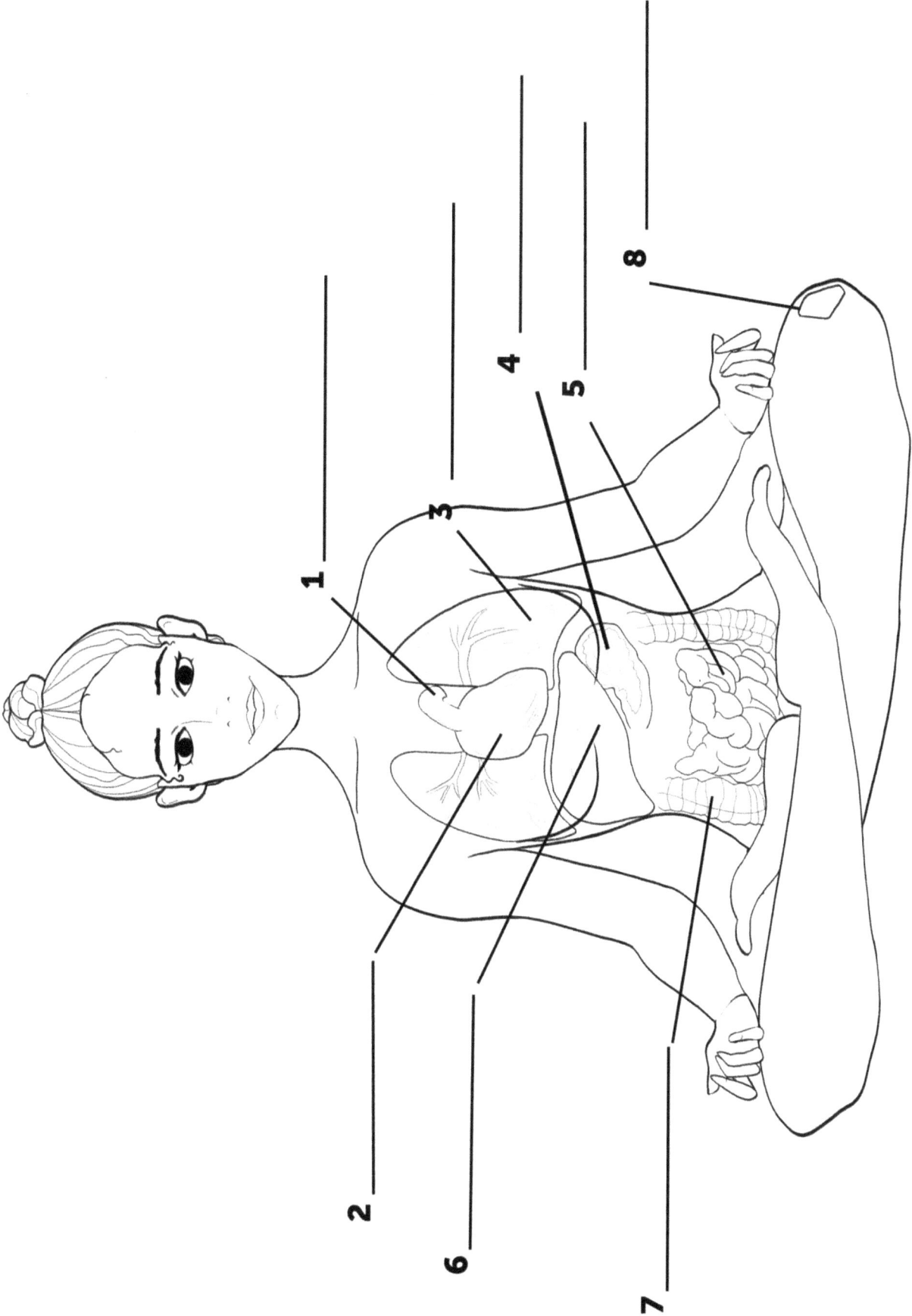

1

2

3

4

5

6

7

8

35. POSTURA DEL LOTO

1. AORTA
2. CORAZÓN
3. PULMONES
4. ESTÓMAGO
5. FOLICULOS DE INTESTINO DELGADO
6. HÍGADO
7. COLON ASCENDENTE
8. RÓTULA

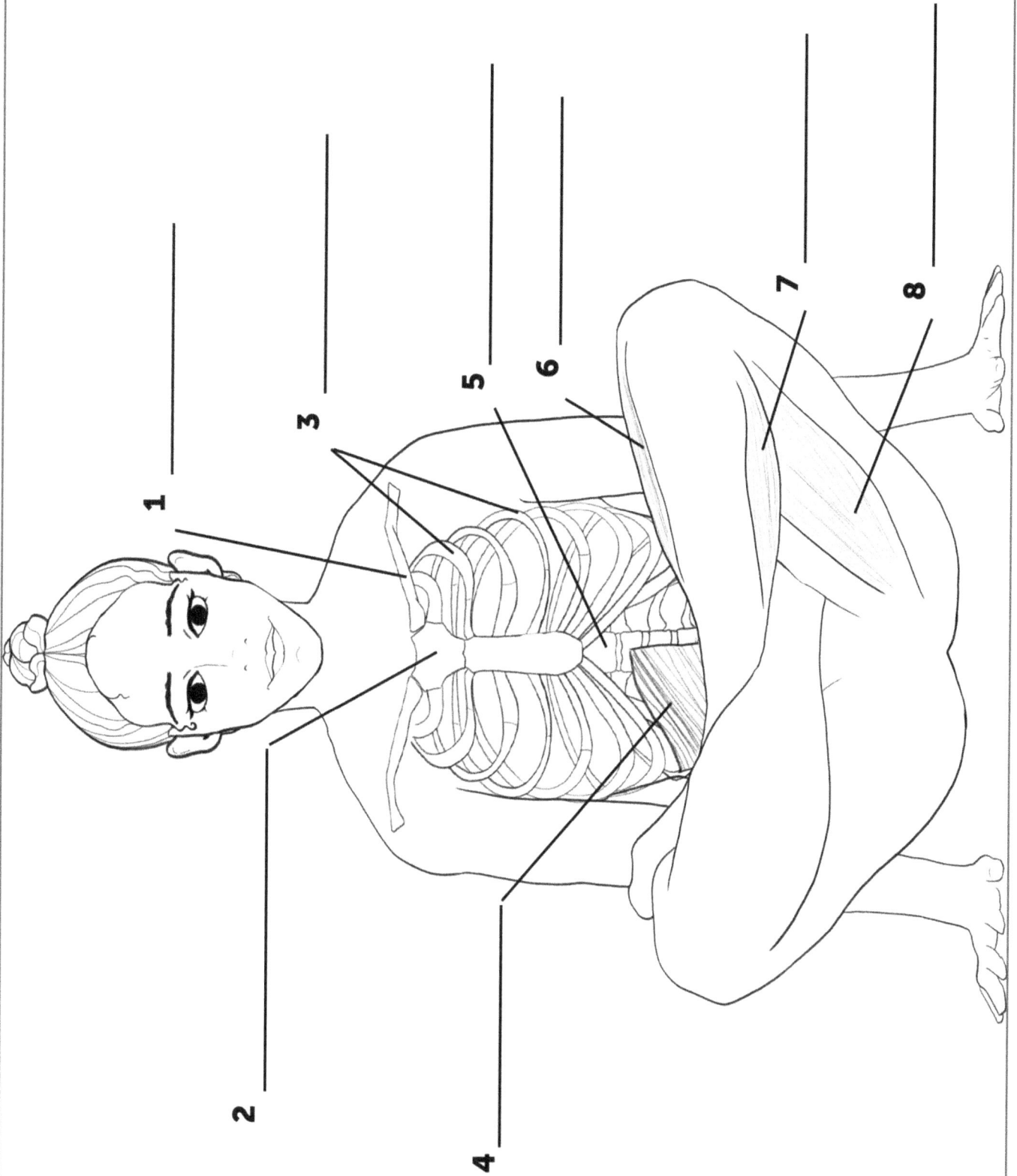

36. TOLASANA

1

2

3

4

5

6

7

8

36. TOLASANA

1. CLAVÍCULA
2. ESTERNÓN
3. COSTILLAS
4. OBLICUO INTERNO
5. COLUMNA VERTEBRAL
6. GASTROCNEMIO
7. GASTROCNEMIO
8. ISQUIOTIBIALES

37. POSTURA DEL CUERVO VOLADOR

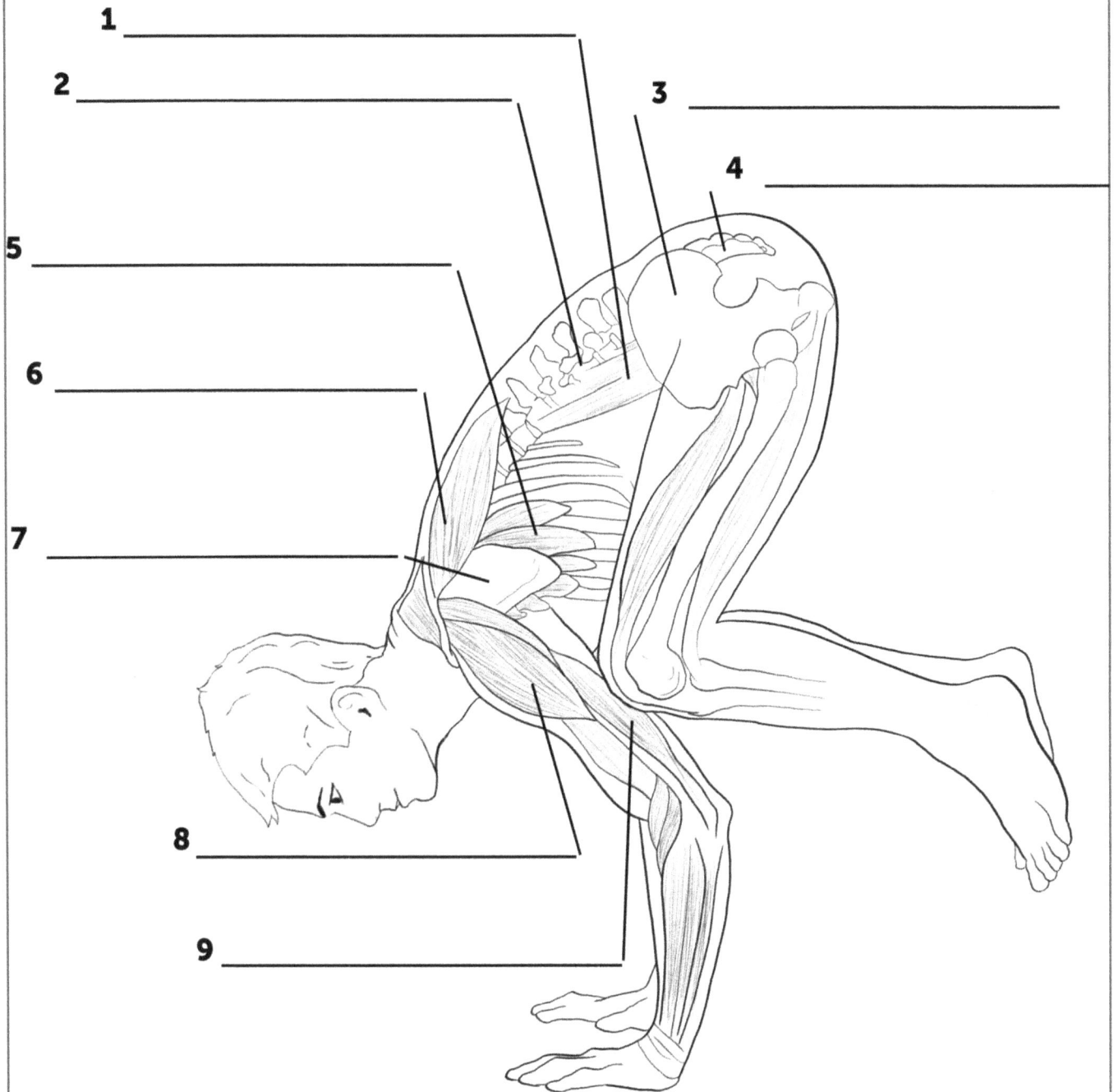

1 _____

2 _____

3 _____

4 _____

5 _____

6 _____

7 _____

8 _____

9 _____

37. POSTURA DEL CUERVO VOLADOR

1.   MÚSCULO PSOAS MAYOR

2.   COLUMNA VERTEBRAL

3.   PELVIS

4.   SACRO

5.   SERRATO ANTERIOR

6.   TRAPECIO

7.   ESCÁPULA

8.   DELTOIDES

9.   TRÍCEPS BRAQUIAL

38. CHATURANGA DANDASANA

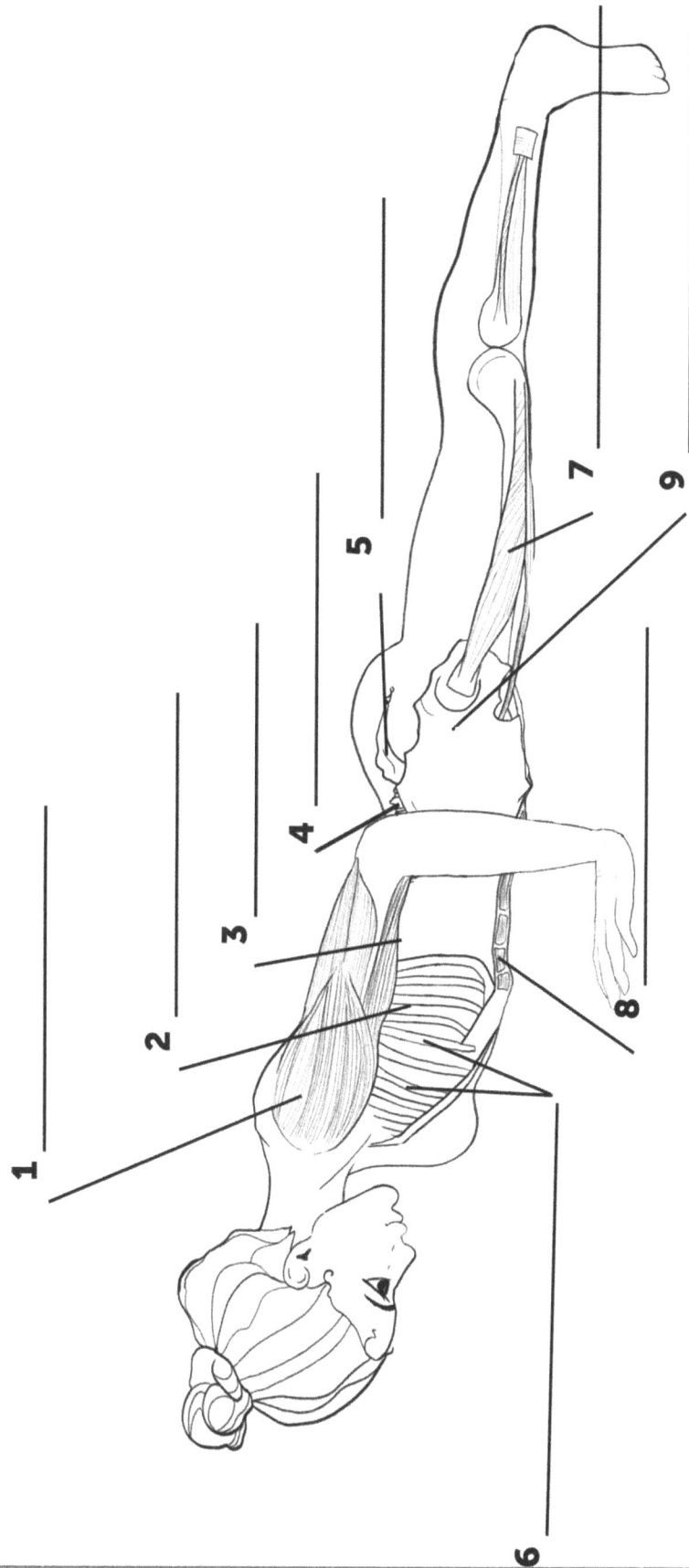

1

2

3

4

5

6

7

8

9

38. CHATURANGA DANDASANA

1. DELTOIDES
2. COSTILLAS
3. BÍCEPS BRAQUIAL
4. COLUMNA VERTEBRAL
5. SACRO
6. COSTILLAS
7. RECTO FEMORAL
8. RECTO ABDOMINAL
9. PELVIS

39. PARSVA BAKASANA

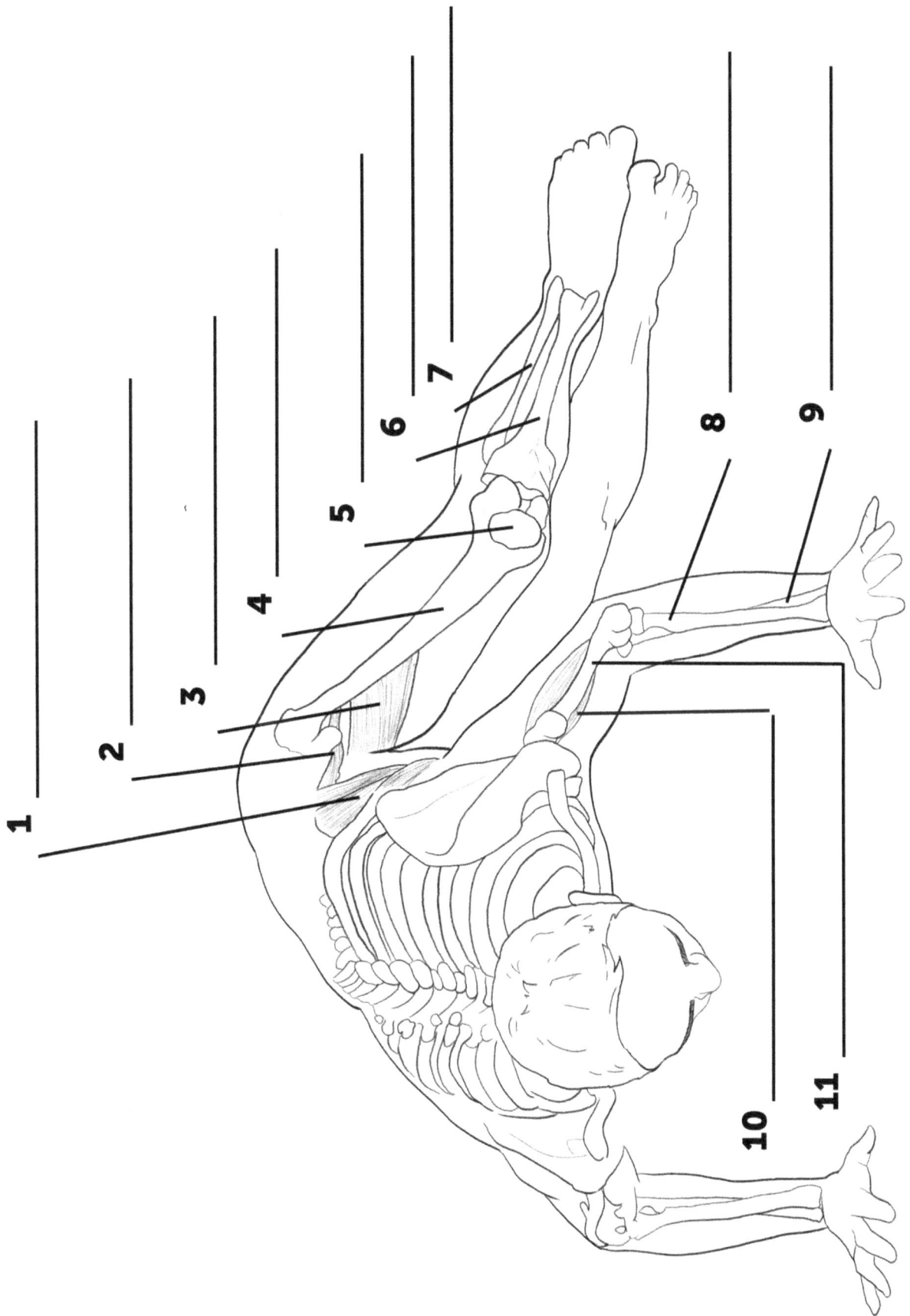

1

2

3

4

5

6

7

8

9

10

11

39. PARSVA BAKASANA

1. OBLICUO EXTERNO
2. PECTÍNEO
3. ADUCTOR CORTO
4. FÉMUR
5. RÓTULA
6. TIBIA
7. PERONÉ
8. RADIO
9. CÚBITO
10. TRÍCEPS BRAQUIAL
11. HÚMERO

40. ARDHA NAVASANA

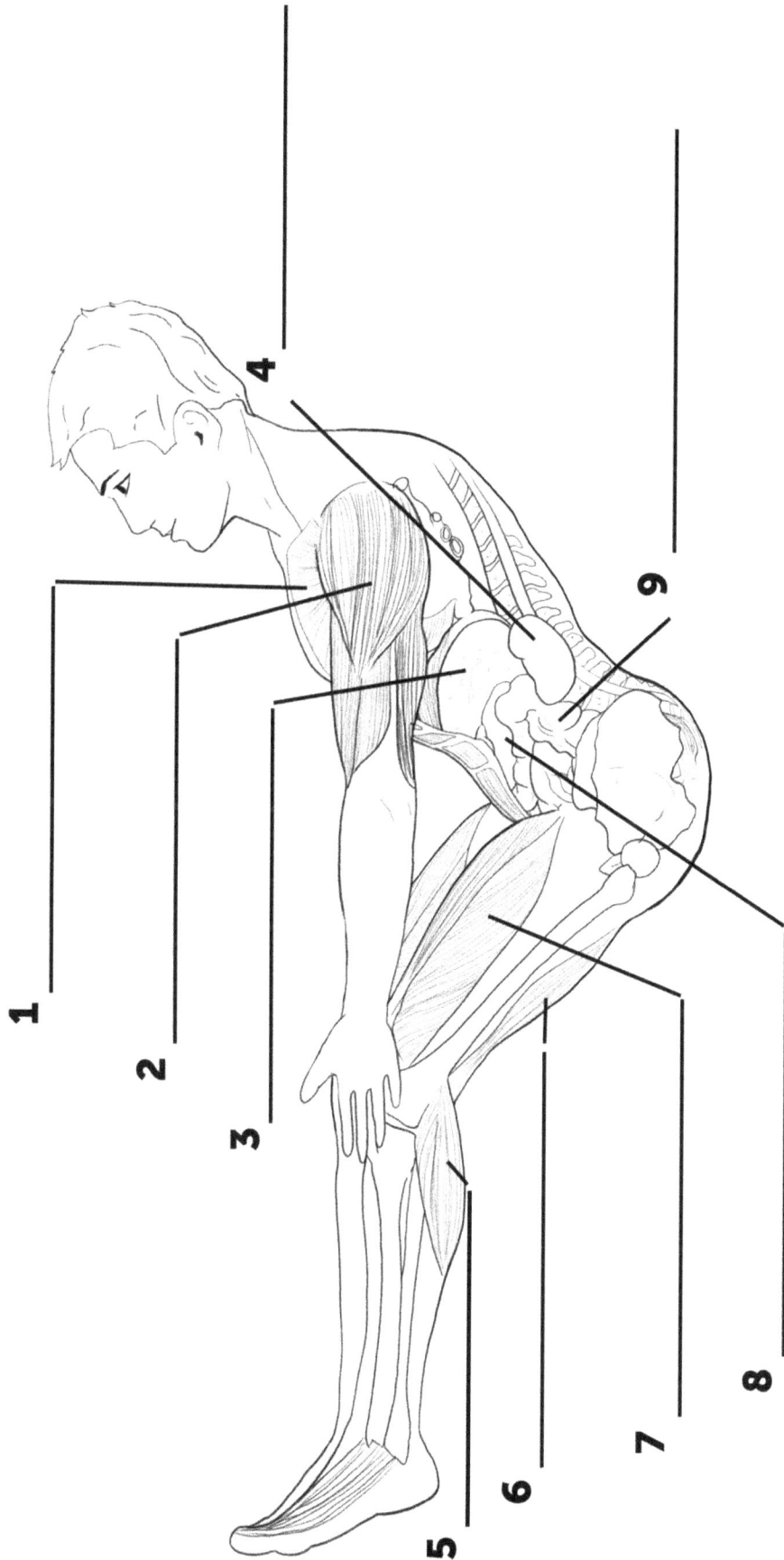

1

2

3

4

5

6

7

8

9

40. ARDHA NAVASANA

1. PECTORAL MAYOR
2. DELTOIDES
3. HÍGADO
4. RIÑÓN
5. GASTROCNEMIO
6. ISQUIOTIBIALES
7. CUADRÍCEPS
8. ESTÓMAGO
9. COLON ASCENDENTE

41. PARIPURNA NAVASANA

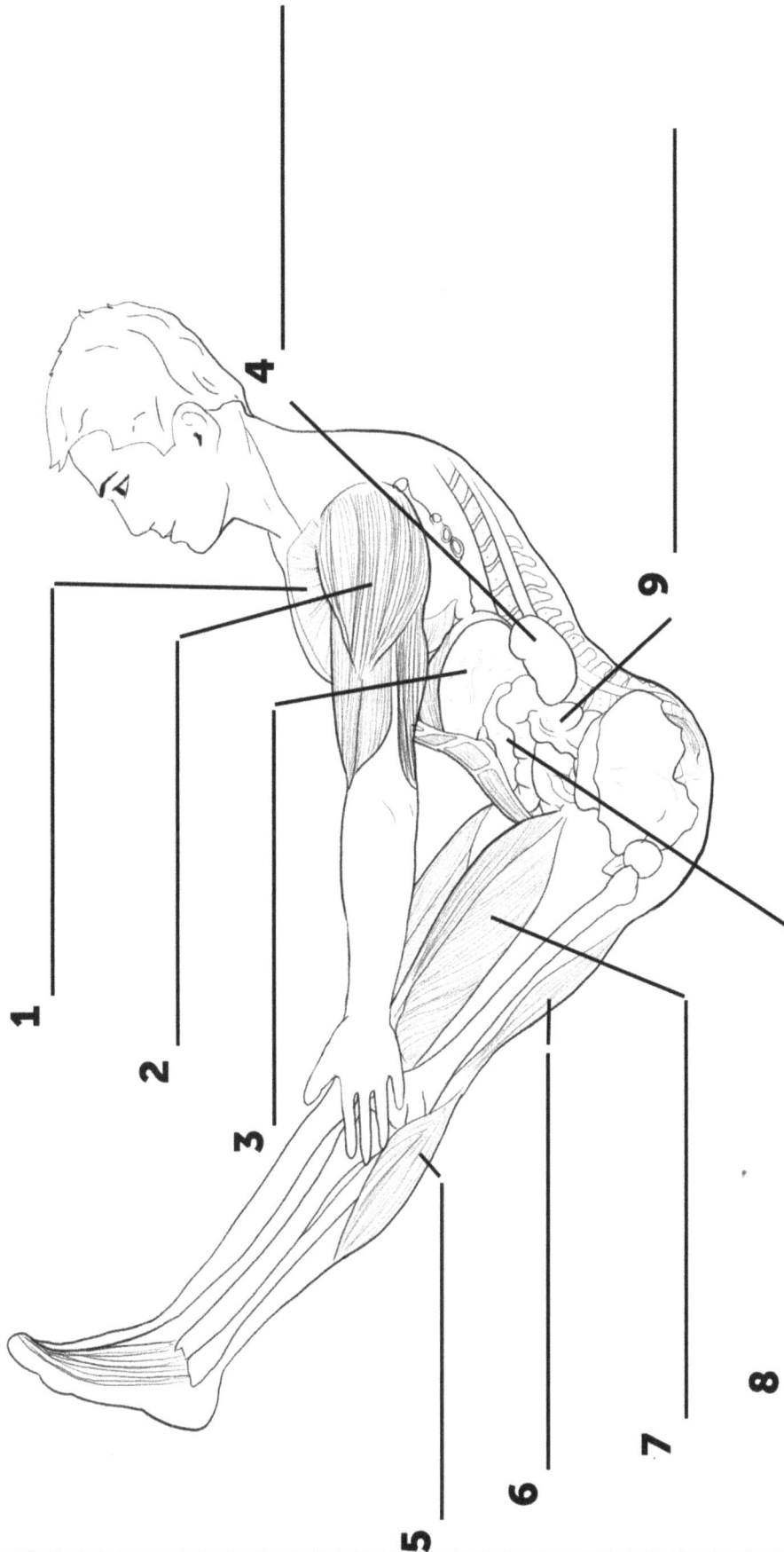

41. PARIPURNA NAVASANA

1. PECTORAL MAYOR
2. DELTOIDES
3. HÍGADO
4. RIÑÓN
5. GASTROCNEMIO
6. ISQUIOTIBIALES
7. CUADRÍCEPS
8. ESTÓMAGO
9. COLON ASCENDENTE

42. MATSYASANA

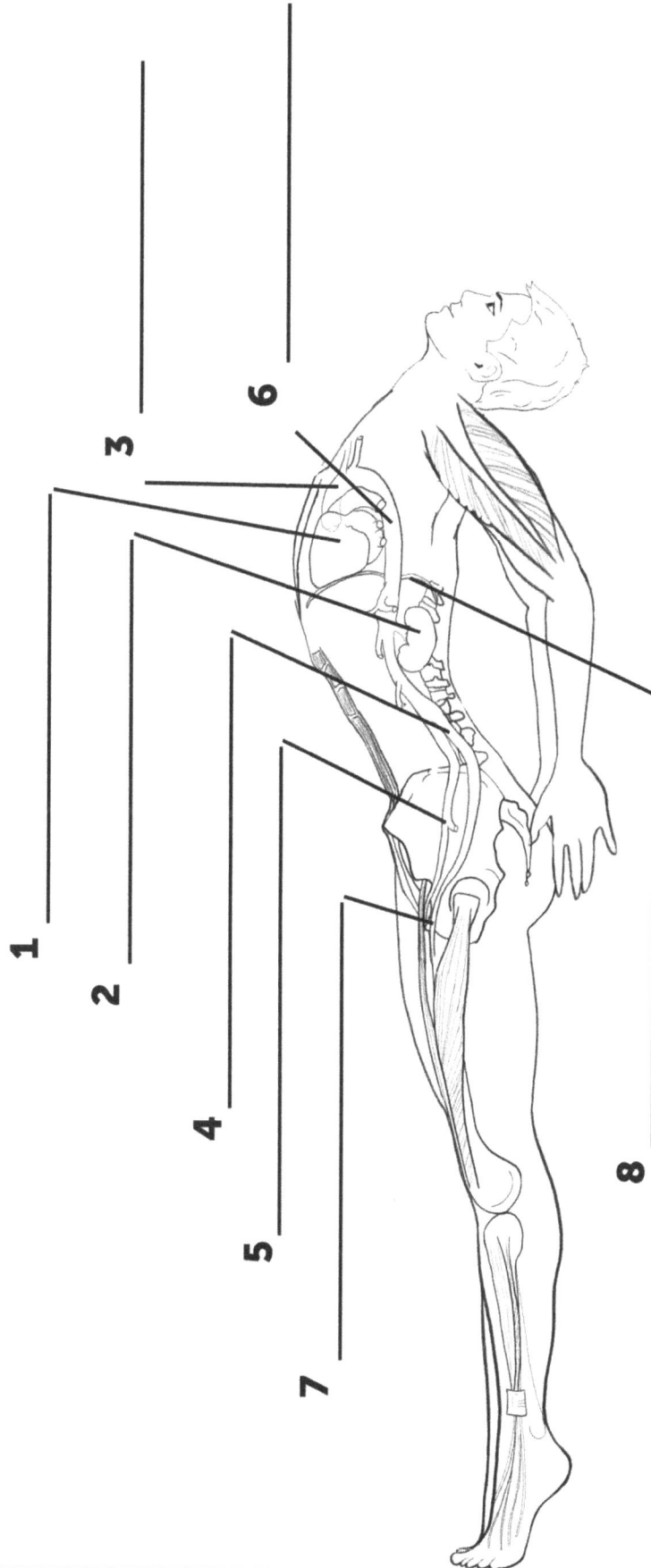

1

2

3

4

5

6

7

8

42. MATSYASANA

1. CORAZÓN
2. RIÑÓN
3. AORTA TORÁCICA ASCENDENTE
4. AORTA ABDOMINAL
5. ARTERIA ILIACA COMÚN
6. AORTA TORÁCICA DESCENDENTE
7. ARTERIA FEMORAL
8. DIAFRAGMA

43. SHIRSASANA

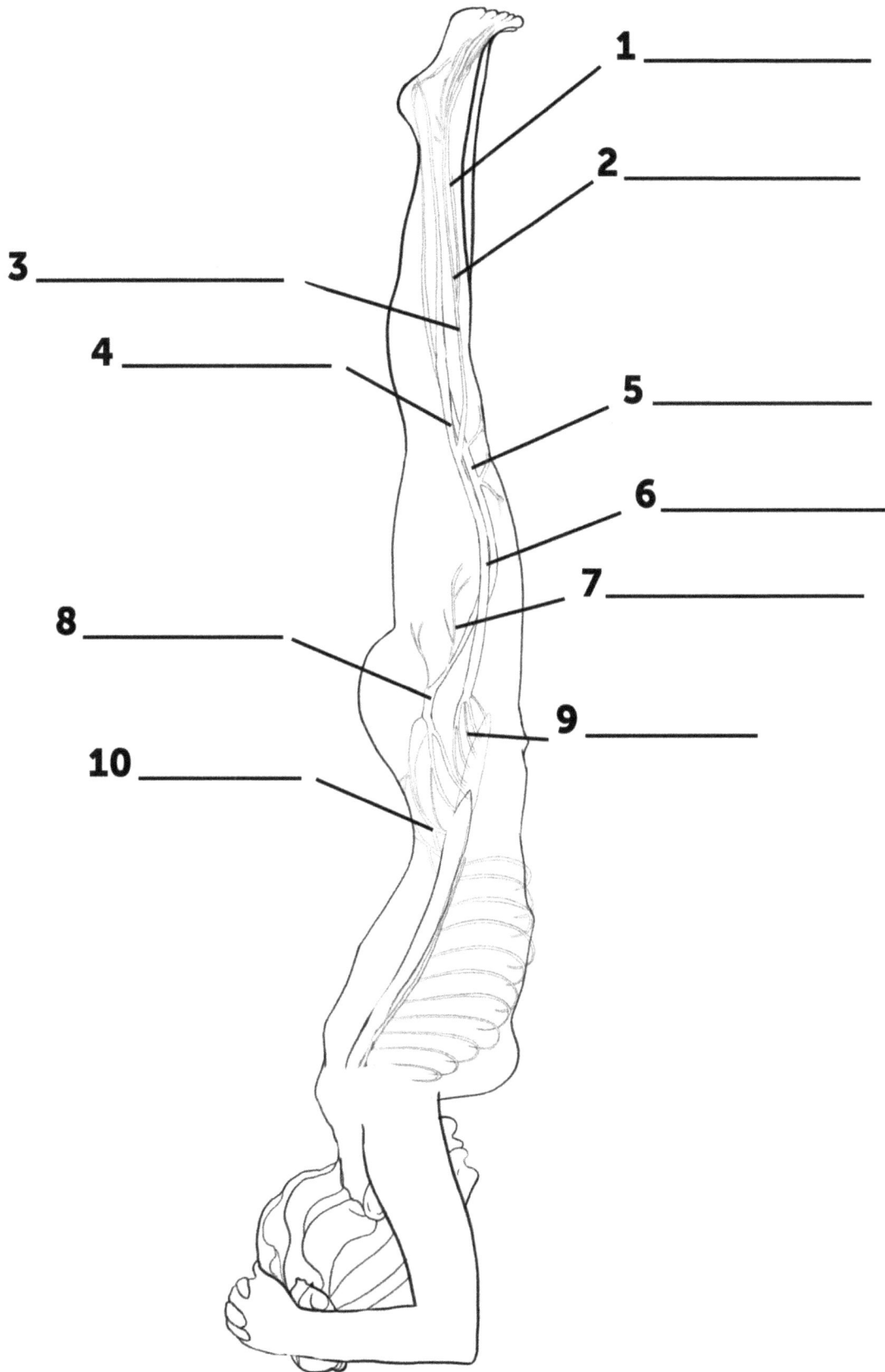

1 _____

2 _____

3 _____

4 _____

5 _____

6 _____

7 _____

8 _____

9 _____

10 _____

43. SHIRSASANA

1. PERONEO SUPERFICIAL
2. PERONEO PROFUNDO
3. PERONEO COMÚN
4. TIBIAL
5. SAFENA
6. CIÁTICO
7. RAMAS MUSCULARES DE FEMORAL
8. FEMORAL
9. PLEXO SACRO
10. PLEXO LUMBAR

44. SALAMBA SARVANGASANA

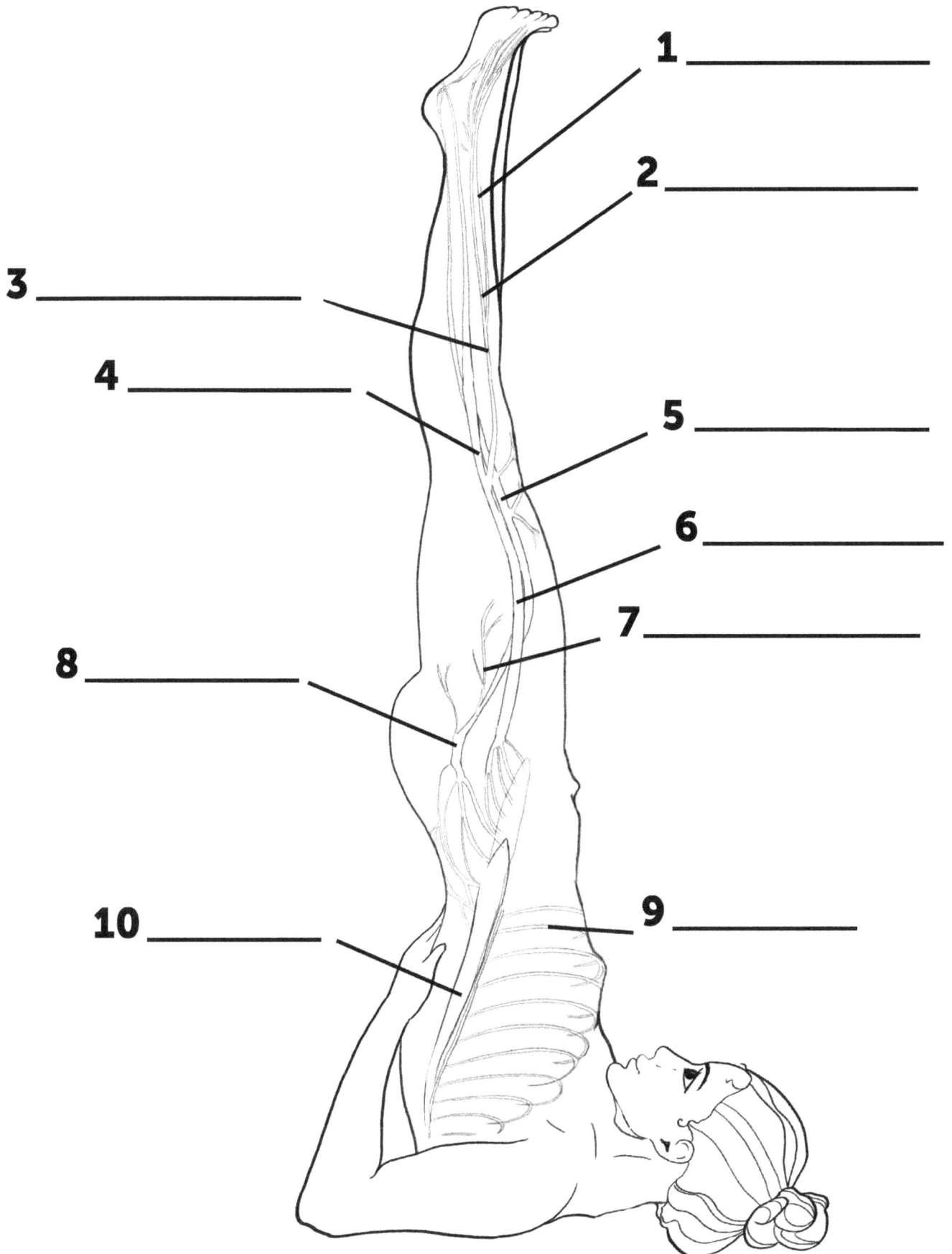

1 _____

2 _____

3 _____

4 _____

5 _____

6 _____

7 _____

8 _____

9 _____

10 _____

44. SALAMBA SARVANGASANA

1. PERONEO SUPERFICIAL
2. PERONEO PROFUNDO
3. PERONEO COMÚN
4. TIBIAL
5. SAFENA
6. CIÁTICO
7. RAMAS MUSCULARES DE FEMORAL
8. FEMORAL
9. INTERCOSTALES
10. MÉDULA ESPINAL

45. HALASANA

45. HALASANA

1. PELVIS
2. FÉMUR
3. ISQUIOTIBIALES
4. GASTROCNEMIO
5. SÓLEO
6. ERECTOR DE LA COLUMNA
7. HÚMERO
8. PERONÉ
9. TIBIA
10. RADIO
11. CÚBITO
12. TRÍCEPS BRAQUIAL

46. KARNAPIDASANA

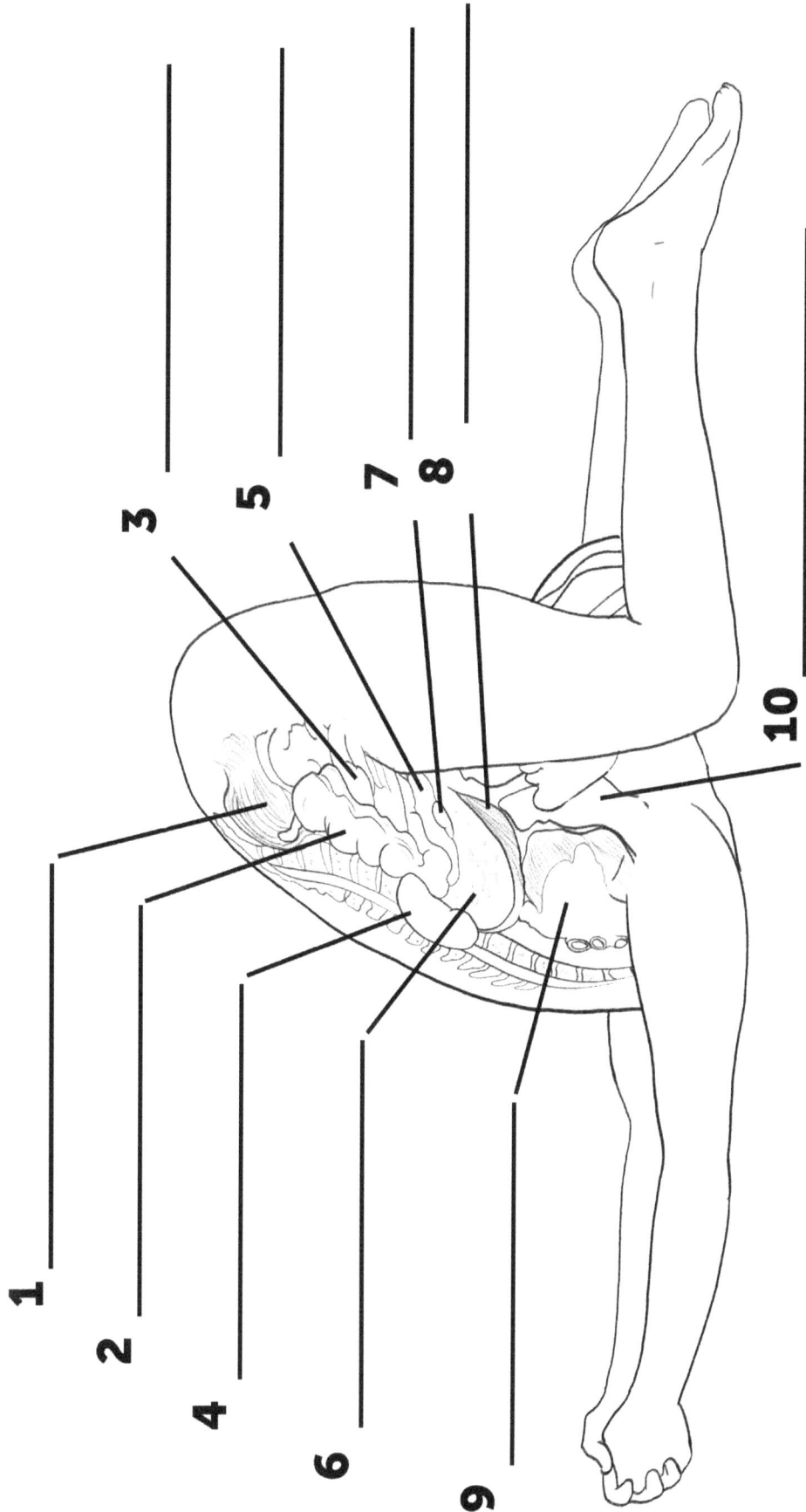

1

2

3

4

5

6

7

8

9

10

46. KARNAPIDASANA

1. RECTO

2. COLON ASCENDENTE

3. FOLICULOS DE INTESTINO DELGADO

4. RIÑÓN

5. ESTÓMAGO

6. HÍGADO

7. VESÍCULA BILIAR

8. DIAFRAGMA

9. CORAZÓN

10. PULMONES

47. POSTURA DE MEDIA LUNA

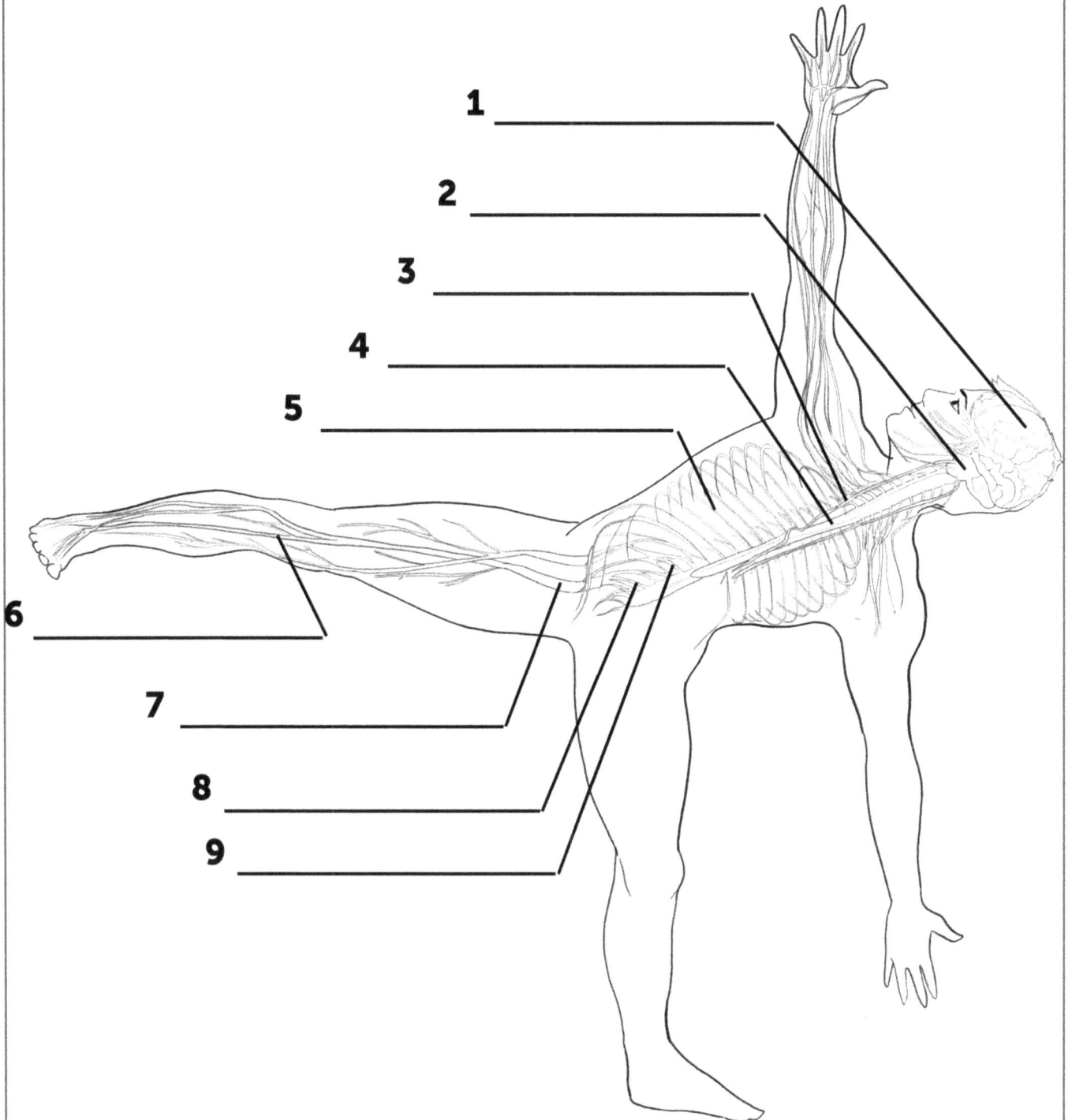

1 _____

2 _____

3 _____

4 _____

5 _____

6 _____

7 _____

8 _____

9 _____

47. POSTURA DE MEDIA LUNA

1. CEREBRO

2. TRONCO ENCEFÁLICO

3. PLEXO BRAQUIAL

4. MÉDULA ESPINAL

5. INTERCOSTALES

6. TIBIAL

7. CIÁTICO

8. PLEXO SACRO

9. PLEXO LUMBAR

48. PARIVRTTA SURYA YANTRASANA

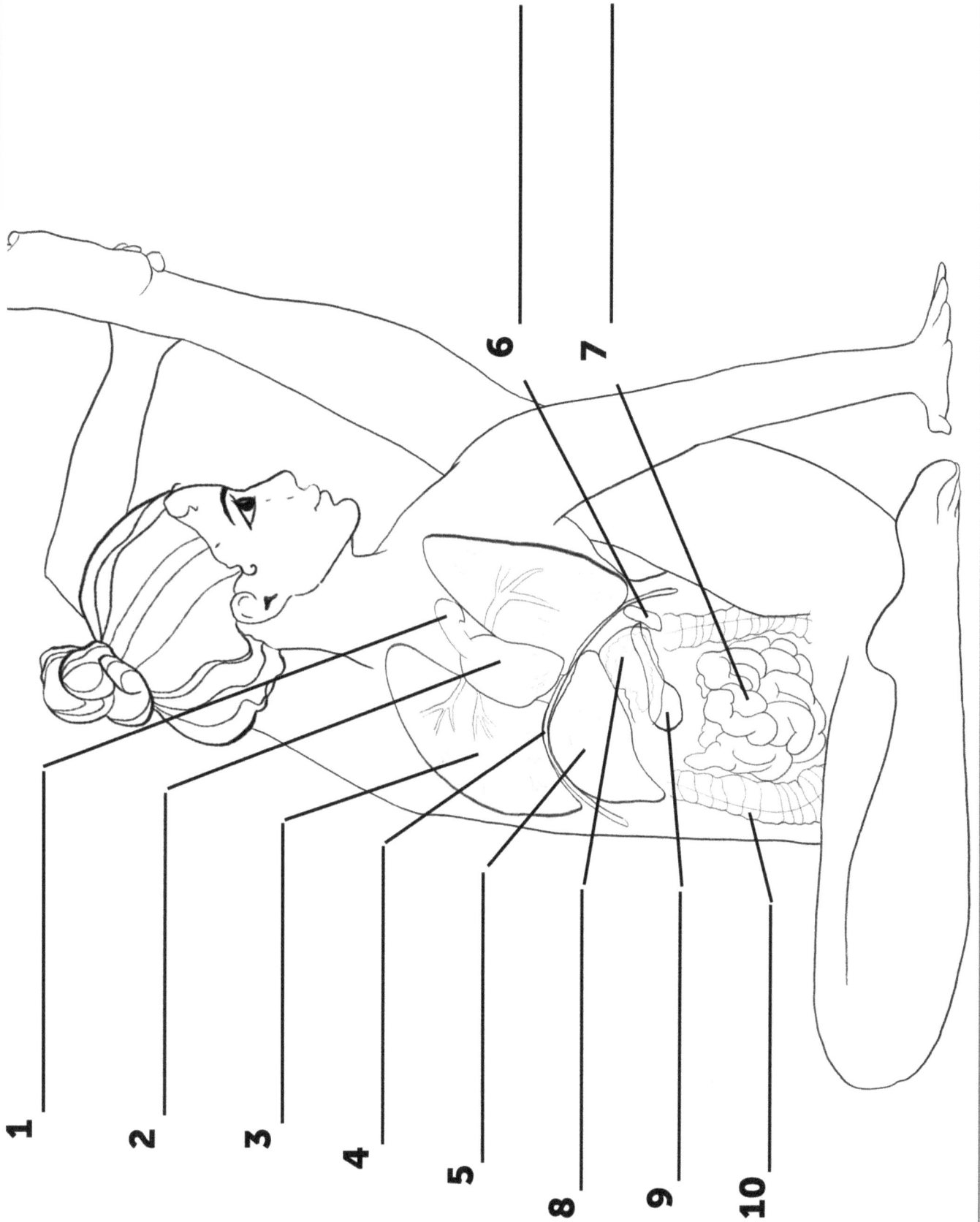

1

2

3

4

5

6

7

8

9

10

48. PARIVRTTA SURYA YANTRASANA

1. AORTA
2. CORAZÓN
3. PULMONES
4. DIAFRAGMA
5. HÍGADO
6. BAZO
7. FOLICULOS DE INTESTINO DELGADO
8. ESTÓMAGO
9. PÁNCREAS
10. COLON ASCENDENTE

49. PARIVRTTA JANU SIRSASANA IN SANSKRIT

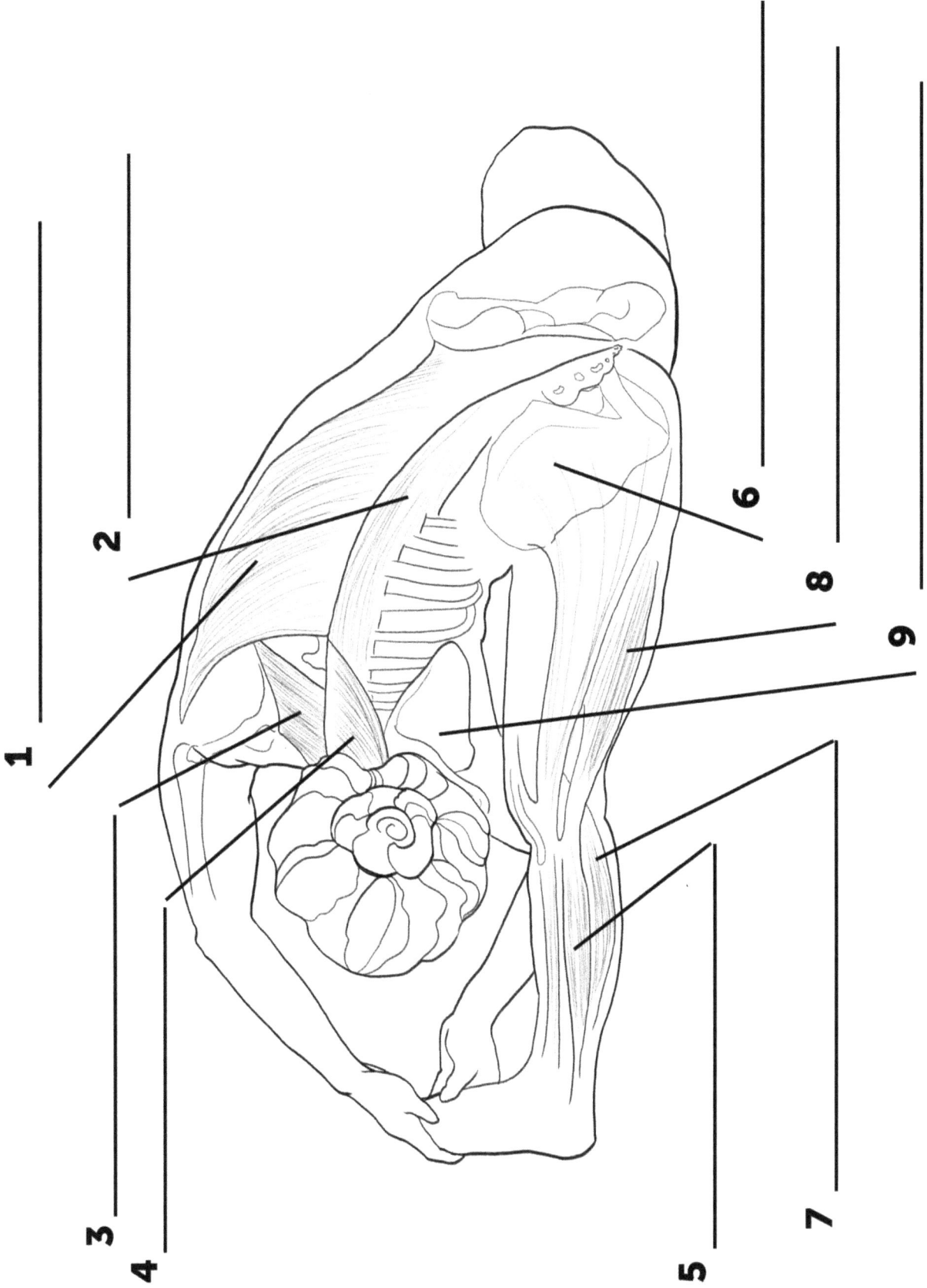

1

2

3

4

5

6

7

8

9

49. PARIVRTTA JANU SIRSASANA IN SANSKRIT

1.   LATISSIMUS DORSI

2.   ERECTOR DE LA COLUMNA

3.   ROMBOIDES

4.   TRAPECIO

5.   SÓLEO

6.   PELVIS

7.   GASTROCNEMIO

8.   ISQUIOTIBIALES

9.   ESCÁPULA

50. POSTURA DIVIDIDA DE PIE

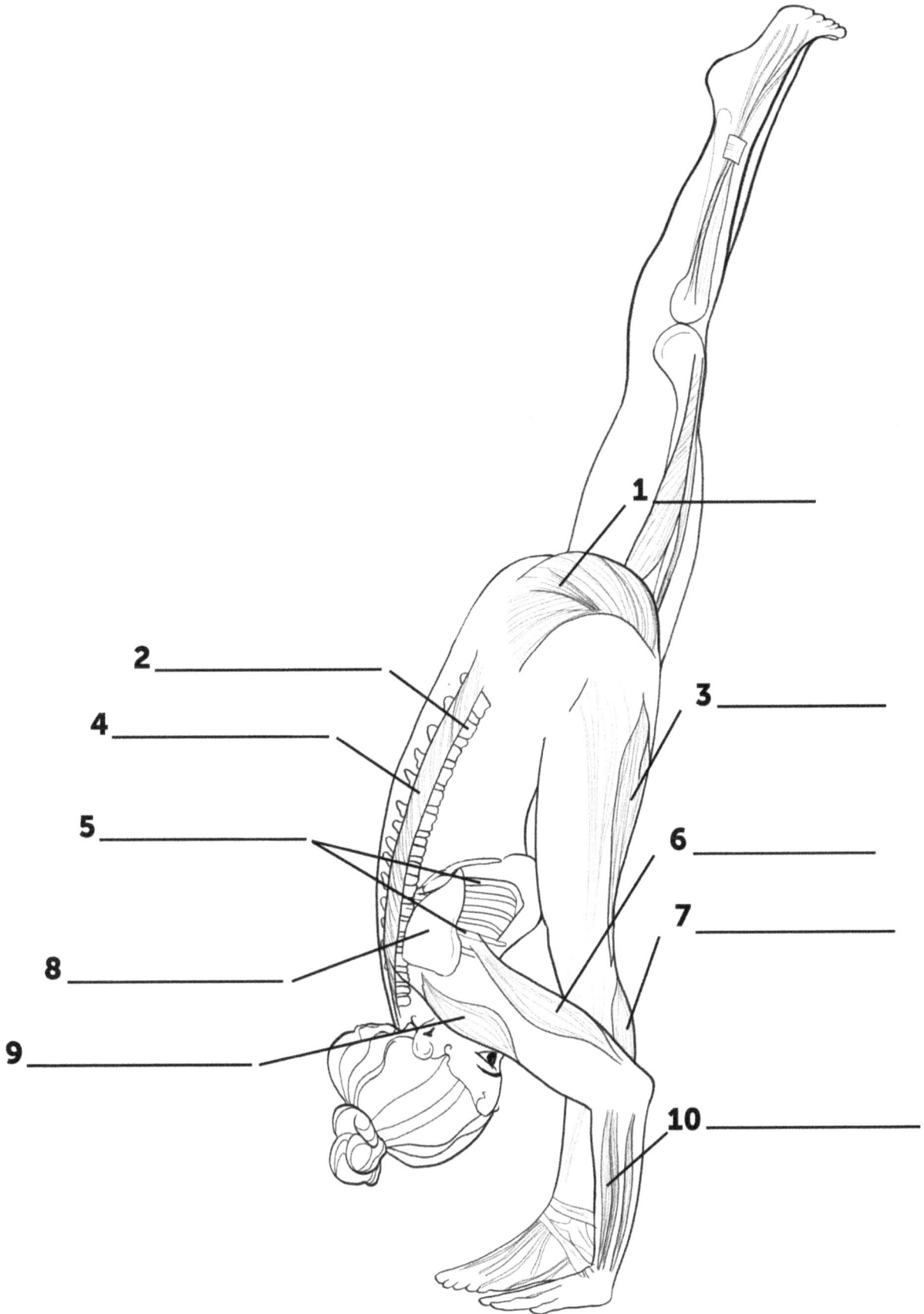

1 _____

2 _____

4 _____

3 _____

5 _____

6 _____

7 _____

8 _____

9 _____

10 _____

50. POSTURA DIVIDIDA DE PIE

1.   PIRIFORME

2.   COLUMNA VERTEBRAL

3.   ISQUIOTIBIALES

4.   ERECTOR DE LA COLUMNA

5.   COSTILLAS

6.   TRÍCEPS BRAQUIAL

7.   GASTROCNEMIO

8.   ESCÁPULA

9.   DELTOIDES

10. PRONADORES

51. AKARNA DHANURASANA

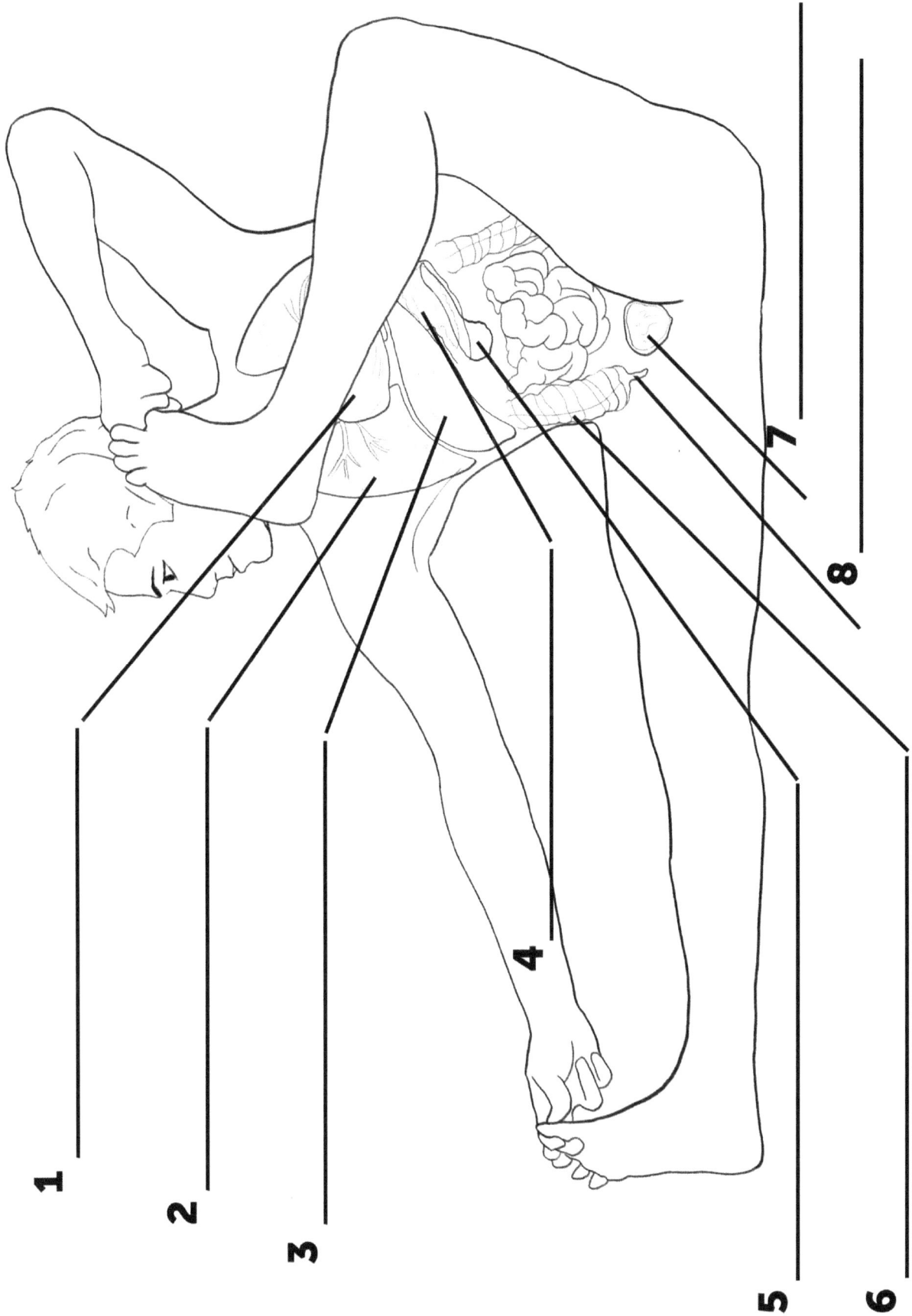

1

2

3

4

5

6

7

8

51. AKARNA DHANURASANA

1. CORAZÓN
2. PULMONES
3. HÍGADO
4. ESTÓMAGO
5. PÁNCREAS
6. COLON ASCENDENTE
7. VEJIGA URINARIA
8. APÉNDICE

52. ADHO MUKHA VRKSASANA

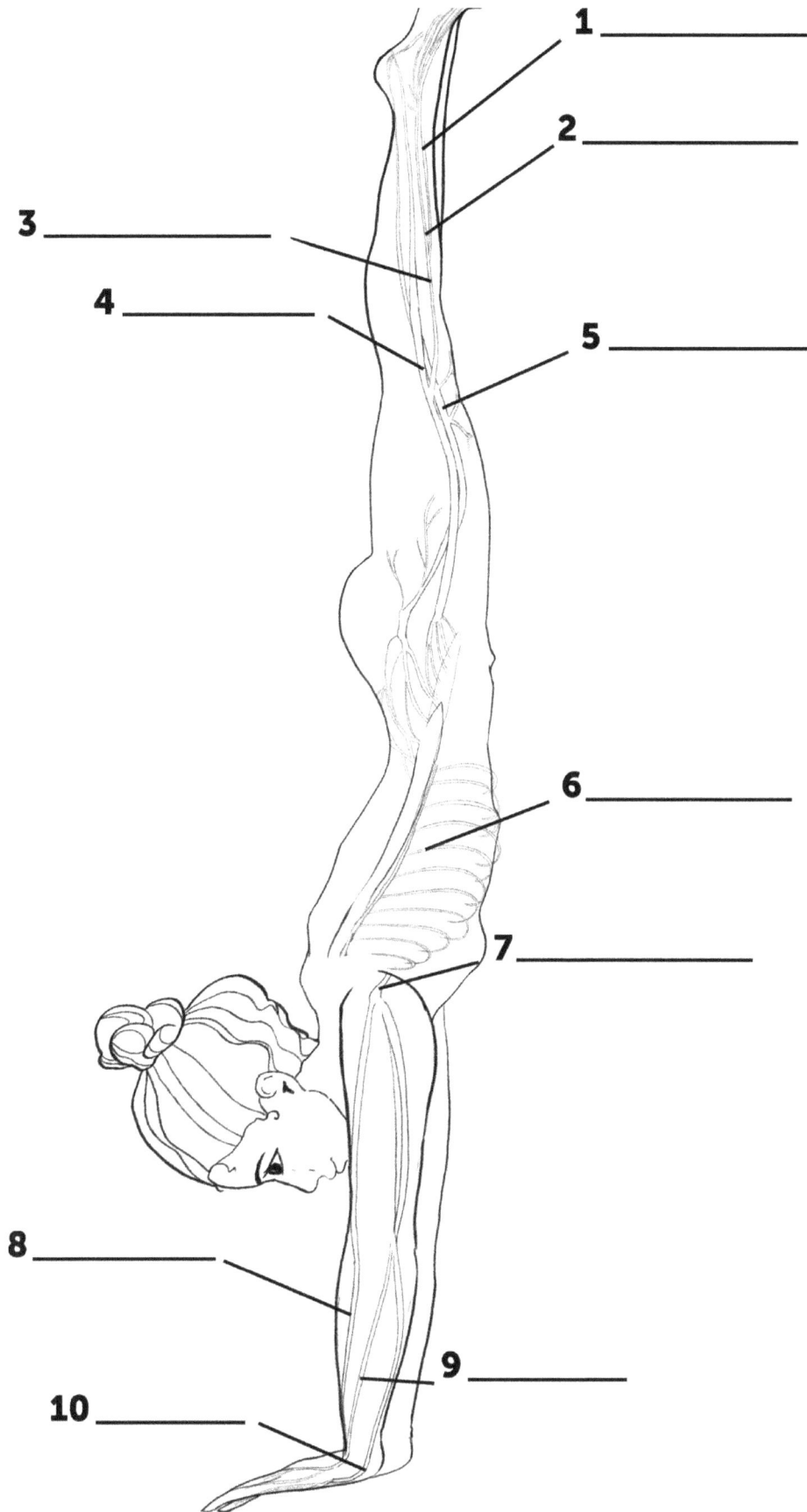

1 _____

2 _____

3 _____

4 _____

5 _____

6 _____

7 _____

8 _____

9 _____

10 _____

52. ADHO MUKHA VRKSASANA

1. PERONEO SUPERFICIAL
2. PERONEO PROFUNDO
3. PERONEO COMÚN
4. TIBIAL
5. SAFENA
6. INTERCOSTALES
7. PLEXO BRAQUIAL
8. RADIAL
9. MEDIANA
10. ULNAR

53. EKA HASTA BHUJASANA

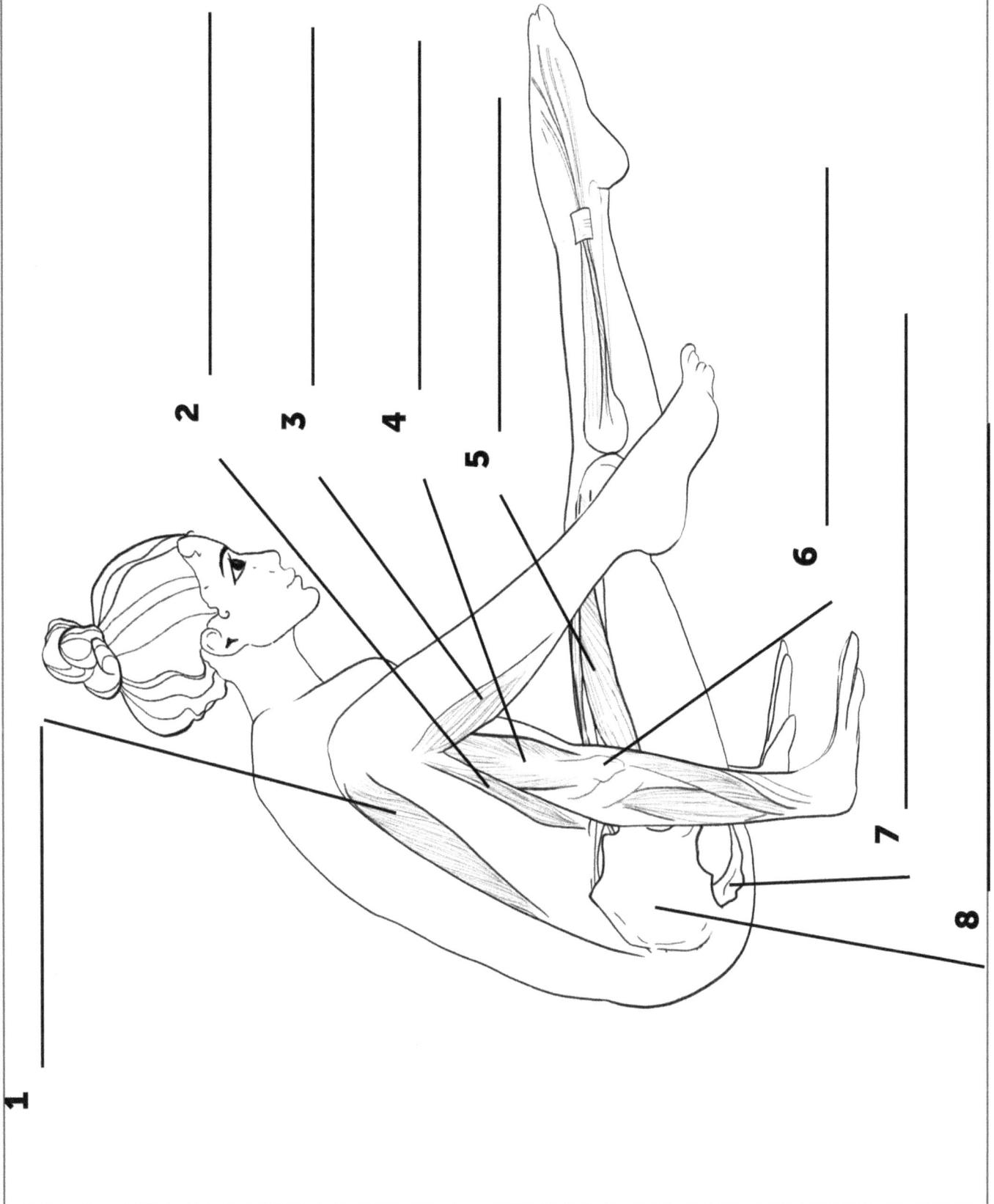

1

2

3

4

5

6

7

8

53. EKA HASTA BHUJASANA

1. RECTO FEMORAL
2. ISQUIOTIBIALES
3. GASTROCNEMIO
4. TRÍCEPS BRAQUIAL
5. CUADRÍCEPS
6. CODO
7. SACRO
8. PELVIS